原発の闇を暴く

広瀬隆・明石昇二郎
Hirose Takashi　Akashi Shojiro

a pilot of wisdom

目次

構成・宮内千和子
取材協力・鈴木　耕

まえがき

広瀬　隆

明石昇二郎さんとは、絶えず連絡を取り合ってきた仲だが、再会するのは久しぶりである。集英社で二人の対談書を出すことになったが、このように悲惨な福島第一原発事故を前にして再会することは、互いに無念でならない。私自身はすでに『福島原発メルトダウン』（朝日新書）を緊急出版し、また書店には、反原発の書がかなりの数、出ている。色々な立場の人が発言することに意味はあるが、本を買う読者にとってみれば、「明石と広瀬がつくる本」であるなら、やはり原子力を推進してきた連中を、実名を挙げて徹底的に糾弾する、特徴ある内容にしなければならない。何しろ明石氏はずっと、「責任者出て来い」という論法で、胸のすくような記事を書いてきた変り者だ。二人で、原子力の闇を暴きたい。

なぜ福島第一原発で炉心溶融の大事故を起こして、子供たちが苦しむような世界を日本に生み出してしまったか。いま、食品に従事する人たちは、誰もが放射能の言葉におびえなければならない状況にある。農家や漁業者は、取り返しのつかないほど汚染された大地と海を、元通りにして返してくれと叫んでいる。町の魚屋さんも、レストランも、東京電力による放射能汚染水の大量放流で、大変な被害を受けている。観光地も、外国人旅行者が日本を避けようとするので、言葉には出せないほど大変な苦労を強いられている。みな、内心では、原因も責任者も知って腹立ちを覚えながら、それを口にすると自分にはねかえってくる被害が大きくなるので、口をにごさなければならない。

これは、東日本大震災による地震・津波の被害者と、ひとくくりにしてすむことではない。今、進行中の出来事は、間違いなく原子力災害だ。放射能災害だ。

みなの言葉を聞いていると、「原子力ムラ」があると言っている。原子力の世界には「御用学者」が山のようにいるのだという。しかし、このように恥ずべき大事故を起こして住民を避難させ、あの人たちの一生を取り返しのつかない苦境に追い込み、加えて事故を収束することさえできない今、そのように生易しい言葉ですませられるものだろうか。あいつらは原子力マフィアだ。壮大な原子力シンジケートだ。私に言わせれば、その責任者たちは、法律上「未必の故意」に該当する重大な犯罪者であって、被害者に代って、司法がその罪を裁かなければならないはずだ。未必の故意は、過失とは違う。起こり得る危険性を知っていながら、それを放置して、大事故が起こるべくして起こった、ということだ。その結果、膨大な数の子供たちの肉体を放射能がむしばみ、これからの人生を生きてゆくあの子たちの生命を危機にさらしている。

加えてマスコミには、東電による被害者賠償は「電気料金の値上げで資金をつくって」おこなうなどという信じ難い、許し難い報道が流れている。罪を犯した加害者が、被害者から金を集めて、被害者に賠償金を支払うとは、一体どういうことだ。なぜ、そのような違法を日本人は認めるのか。日本は法治国家ではないのか。その責任者たちがまったく平気で生きていることが、私にとっては許し難いことである。報道番組に出ている者たちが、いまだに「原子力は必要です」としゃべり続けている。事故の原因や遠因をつくった危険な大嘘《おおうそ》つきが、それを犯罪として追及されないようにと、今や「放射能は危なくない」と叫んで、ますます子供の健康を危ない方向に誘導している。こうした山のような事実が、目の前にある。この種の人間たちが、今もマスコミに徘徊《はいかい》している状況は、「言論の自由」

ですまされることではない。

このまま連中を放置しておけば、さらにおそろしいことが起こる。百パーセント、次の大事故を招いて、やがて国家存亡の崖っぷちに立たされる構造が、厳然としてこの国にある。その人脈を一掃しておかないと、日本は次の時代に進めない。「がんばれニッポン」とわめいて、そんな精神論で決着をつけようとする無責任な言辞が垂れ流されている。だから、本書では、抽象論は一切やめたい。私自身も被害者の一人だが、被害者になり代って、彼ら犯罪者を徹底的に、つるしあげたい。

そこで、明石さんと共に、論理的に思考してみたい。

第一に、福島第一原発事故が「犯罪」に該当するかどうかを論じたい。そのためには、どれほどの被害が出ているか、最初にそれを明確にしなければならない。ただしこの事故は、まだ終ったどころか、これから何十年も放射能汚染が続くことが分っている。怠慢なテレビ報道界からニュースが消えつつあるだけで、相変らず放射能の大量放出が続いているので、被害はますます深刻な方向に向かっている。そこで、少なくとも現状での被害を急いで明らかにしないと、これからの放射能放出を最小限にとどめられない。さらに日本人が、「原子炉の爆発」という最初に受けた衝撃を忘れ、日々、その記憶にマヒしてしまうことだけは、何としても食い止めなければならない。そのためにどうしても必要なのは、被害の深刻さと、永続性を、読者に強く認識してもらうことである。

第二に、その責任者が誰であるかを、実名を挙げて明確にしたい。これが私たち二人にとって、最大の論点になる。

第三に、直接の責任者ではなくとも、放射能被害を隠蔽しようとする者を強く批判したい。マスコミを含めて、というより、大半はマスコミがその作業に関わっているので、やはりこの闇の世界を明らかにしないと、これからの被害拡大をおさえられないからだ。

第四は、これから起こり得る大事故の危険性を、ここであらかじめ摘発しておくことだ。そうでないと、次の第二、第三の未必の故意の犯罪が起こされる。彼ら犯罪者は、まだ生き延びられると思ってタカをくくっているような非常に悪質な性格を持っている。その人間たちのこれからの言動を、日本社会が、どうあっても未然に食い止めなければならない。

つまり目的は、二度と、原子力関係者によるこうした被害を起こさせない、そのことにつきる。

この視点から、明石さんと、まず初めに福島メルトダウン事故について、全体像を語り合ってから、論点を明確にしぼってゆきたい。

第一章　今ここにある危機

命より電気のほうが大事なのか

広瀬　とにかく3・11以降、私はずっと腹が立ちっぱなしです。地震と津波による全電源喪失（ステーション・ブラックアウト）から、福島第一原発の事故はまったく収束の見込みが立たない。放射性物質の放出は止まらず、海水も空気も土もどんどん汚染されてゆく。生態系の食物連鎖の中で放射性物質の体内濃縮が始まって、それが人々の口に入れば体内被曝《ひばく》が起こる。つまりガンの潜伏期間が始まったということです。枝野幸男官房長官もさすがに「ただちに健康に問題はない」とは言わなくなってきたが、これは明白な犯罪だ。原子力安全・保安院の西山英彦審議官は相変らず、チェルノブイリ原発事故では二九人しか死んでいないなどというが、冗談じゃない。[*1]次の章で詳しく述べたいが、二〇年後に、健康被害者は実に七〇〇万人に達していると報道されたのですよ。今回の放射能による甚大な被害は、間違いなく人災です。

私はね、この本で日本人全体に問いかけたい。東電に放射能を止めてくれと訴えるだけでいいのかと。危険性を無視して原子力発電所の建設と運転を続けてきたすべての電力会社に対して、もっと心底から怒りの声を上げなければいけないと。

＊1　放射線生物学者としてチェルノブイリ事故の汚染除去作業を指揮し、同僚一三人がすべてガンで亡くなり、自らも甲状腺ガンを二度患ったナタリア・マンズロヴァ氏は、福島原発事故後の取材にこう答えている。（ダイヤモンドオンライン特別レポート　http://diamond.jp/articles/-/11970　二〇一一年四月二〇日）
――チェルノブイリ事故の死者は四〇〇〇人と報じられているが、実際には一〇〇万人が死亡しているとの報告書も出ている。どちらが正しいのか。
「どちらが真実に近いかと問われれば一〇〇万人の方だろう。当時、ロシア、ウクライナ、ベラルーシ各共和国では医療制度はモスクワ政府の管理下にあった。多くの医師は、患者が放射能汚染が原因と思われる癌《がん》などで亡くなったにもかかわらず、死亡診断書にそれを書かなかったことがわかっている」

明石　同感です。大地震によって生じる原発事故を「原発震災」と呼び、僕も広瀬さんもこれまで原発がいかに危険かということをさんざん世の中に発信してきました。原発事故やトラブルが起こるたびに現地に取材に飛び、隠蔽され、闇に葬り去られようとする事実を伝えようとしてきた。僕は一〇年前、週刊誌「サンデー毎日」の連載で浜岡原発の事故災害のシミュレーションもやりました。しかし、危ないぞとさんざん言ってきたことが結局役に立たなかったわけで、大変悔しい思いをしているのです。

二〇〇七年に㈱金曜日から刊行した『原発崩壊』の冒頭にも書いたのですが、僕は「想定外」という言い訳が大嫌いです。この、ものすごく使い勝手のいい言葉を、権威を笠《かさ》に着る人々がこれまでどれだけ使ってきたか。案の定、今回の「フクシマ原発震災」でも、「想定外」発言が飛び交っている。想定外だと言い逃れさえすれば、自分たちがやってきたことはすべて免責されると思っている。そんな彼らが原発の安全審査をしてきたわけです。最低でも、そういう無能な人間は即刻総入れ替えすべきです。

広瀬　そう、原発事故を想定さえできなかった素人をマスコミから一掃しない限り、日本の将来はない。

明石　もちろん、原子力の安全審査の現場からも一掃させるべきです。大学で原子力工学を学んだと言って原発を推進してきた面々が原発に「安全」のお墨付きを与えたことで、結果的にこの大事故を引き起こしたわけですから。原子力安全・保安院も原子力安全委員会も、一から人選をやり直すべき。そうでなければこの本を出す意味がない。

広瀬　いや、私はそう思っていない。それでは連中とマスコミの好きな「対策論」になって、結局また原子力産業が生き延びてしまうだけだ。保安院も安全委員会も、原発がなくなればこの世に不要なのです。パソコンでは不要なデータをごみ箱に捨てるでしょう。それでもまだ、ごみ箱に残っている。ごみ箱を空にしてからでないと安心できない。事実を隠蔽し続ける東京電力の大罪はもとより、全世界に放射能をバラまいて平然としている責任者たちがしてきたことを、実名を出して、国民が裁いてゆかなければ意味がない。そりゃあこんな大惨事になって不安の極致にいる時に、安全だと言われれば、日本人は安心できるほうにしがみつきたくなります。しかし、事態はどんどん悪くなっている。他人事のような会見を続けてきた保安院が、福島の事故を「レベル7」と認めざるを得ない断末魔の状況になっているというのに、まだ気楽なことを放言している自称〝専門家〟が山のようにいる。この人間たちは、みな原発の利権で飯を食っているのだから、もう金輪際《こんりんざい》テレビでしゃべるなと言いたい。

明石　「大丈夫だ」「安全だ」と言ってきた人たちは、どう責任を取るつもりなのか。二〇キロ、三〇キロ圏内に住む人たちの避難や自主避難とか言っていましたが、とてもそれじゃあ追いつかない事態になったでしょう。

福島から他県に避難した住民の子供たちが「福島から来た」と言うと、「放射能がうつる」といって他の子供たちがみんな逃げてしまったという。いわきナンバーの車を停めていると「どかしてくれ」と言われるのだともいう。家も仕事も奪われた人々に対して、そういう差別が生じて、「風評」被害は酷《ひど》くなる一方です。福島で有機栽培を営んでいた人に自殺者も出ました。二〇キロ圏内には当然、病院もあったわけで、病人や具合の悪いお年寄りを無理やり避難させたことで、すでに何人も亡くなっています。

四月二六日の「毎日新聞」によれば、福島第一原発の南西約四キロにある双葉病院（福島県大熊町）の患者と近くの介護老人保健施設の入所者、四五人が避難中や避難後に死亡したのだそうです。また、五月七日の「朝日新聞」は、周辺市町村の話として、避難後に死亡した高齢者らは少なくとも六〇人以上にのぼると伝えています。東日本大震災が「原発震災」とならずにすめば、死なずにすんだ人たちです。原発事故さえなければ、津波に襲われた他地域と同様に、原発近隣でも命を救われた被災者はきっと多かったことでしょう。人命救助を阻んだ東京電力の罪は重いと思います。
そもそも国は、原発事故時における周辺住民の防災対策は「原発から半径一〇キロ圏内までで十分」としてきたわけです。一〇キロを超える被害など起こらないと「想定」してきた。このことだけをもってしても、国は事故の責任から逃れることはできません。

広瀬 マスコミで取り上げられない、そのような被害者の無念さこそ、最大の問題ですね。福島には、すばらしい有機栽培を営んでいる農家がたくさんあった。私はそうした県内農家の人たちに招かれて、原発の危険性を話したことがありました。その彼らが精魂こめてつくり上げた土壌を汚染してしまった。福島だけでなく、東北は日本の食料基地です。海も山も、です。それがどんどん汚染されて出荷制限されていくのを見るのがつらい。原乳も搾《しぼ》っては捨てられてゆく。私は大学に入った年、東北の開拓農場に働きに行って初めて人生を教えられた人間なので、野菜の出荷制限は到底許し難い。地震、津波だけでもたくさんの被災者がいて、国を挙げてみんなで助けなくてはいけない時に、放射能のためにボランティアも入れなかった。誰もいなくなった二〇キロ圏内には、しばらく行方不明者の捜索にも入れなかった。ひょっとすると瓦礫《がれき》の下でまだ生きていた人たちがいたかも知れないのに見殺しにしてしまった。[*2]東京電力のしたことは、殺人罪に相当するはずです。

＊2　二〇キロ圏内の行方不明者の捜索は四月三日より始まった。四月七日には警視庁機動隊も動員されている。しかし、一〇キロ圏内の捜索はさらに遅れ、四月一四日、事故後一ヶ月以上経過して初めて、防護服を着た地元警察署員によって始まり、多数の遺体が見つかっている。

明石　浪江町の人たちも二〇キロ圏内の避難地区に入っていて全戸避難しているわけですが、あそこの住民たちは福島第三原発（東北電力の浪江・小高原発計画）を拒否して建てさせなかったのですよ。彼らが頑張って、地元に原発を建てさせなかった。しかし、それでも被害は等しく受けている。なんだかとても虚《むな》しくなります。こんな状況が長引けば長引くほど、日本経済に与えるダメージは酷くなる一方なのに、この期に及んで「レベル7といってもチェルノブイリよりまし」と言っているおめでたい〝専門家〟を見ると、許せないというより信じられない思いになります。

広瀬　その状況から考えて、放射能放出を止める対策を云々《うんぬん》している日本人は、もう気づくべきだと思う。なぜこれほど複雑怪奇な装置を使って、電気を起こさなければならないのか、と。命より電気のほうが大事なのかと。津波によるすさまじい被害が東北を襲った。だが、これは阪神大震災などと同様につらいことではあるが、必ず皆の力で克服できる自然災害です。本来、今頃は復興途上にあるはずなのです。しかし、原発事故があったために、住民も企業も脅えて生きなければならない。

私は、二〇〇九年に仙台市で、二〇一〇年は東海村といわき市と青森市で「太平洋プレートが動いているから、一刻も早く原子力プラントを止めるように」と、講演会で話してきました。そこがすべて東日本大震災の被災地なのです。一体、自分の話に何の意味があったのだろうと思うと、つらくて仕方がない。千葉県市原市のコスモ石油で大火災が起こったが、ここはすでに復興して、出荷しています。しかし放射能汚染は、その寿命が余りに長いため、乗り越えることができない。それはスリーマイル島やチェルノブイリの原発事故現地を見れば、自明の理です。

明石　最低でも事故の収束に三〇年かかると言われていますが、イギリスの科学雑誌「ネイチャー」（四月一一日付電子版）には、福島第一原発の廃炉や敷地の除染には「数十年から一〇〇年かかる可能性がある」という専門家の分析が載っています。原子炉が安定しておらず、さらに放射性物質が大量に放出される可能性が残っているので、そういう見方になるそうです。またこの記事では「旧ソ連・チェルノブイリ原発では事故から約八〇年後に当たる二〇六五年まで除染がおこなわれる予定」と書かれている。そんな長い時間を想像できますか。福島で被曝した子供たちが大人になり、老人になってもなお放射能災害は続くのですよ。現に、今年はチェルノブイリ原発事故から二五年だというのに、深刻な被害が続いている。

東電は「六〜九ヶ月で収束の見通しを立てる」という工程表を発表しましたが、今までの泥縄式のやり方を見ていると、とてもスケジュール通りに収束できるとは思えない。能天気な発言を繰り返していた班目《まだらめ》春樹・原子力安全委員長は、高濃度の汚染水流出について記者から質問されて「どんな形で処理できるか知識を持ち合わせていない。保安院で指導してほしい」と言ってサジを投げたのですよ。今の日本に「無能」であることを罰する法律がないのが悔しいです。

本当にこわいことはメディアに出ない

広瀬　まことに班目春樹は筆頭責任者だ。あの男のことは次の章でとことんやりましょう。現時点ではっきり言えることは、五月一二日に、東京電力が「一号機の原子炉圧力容器内の水位計を点検、調整した結果、水位が燃料棒（長さ四メートル）の上部より約五メートル低いことが分った」と発表し、燃料棒が完全に露出している計算になるので、実際には「メルトダウンを起こして、燃料棒が原子炉の底に落下している」ことが明らかになった。こうして最悪のメルトダウンを認めたのだから、これまでのすべての報道は嘘だったということです。しかしちょっと待ってくださいよ。日本では関係者やメディアが驚いたらしいが、私は、こんな原子炉の様子をずっと前に知っていたんだよ。明石さんも知っていたと思うけれど、「ニューヨーク・タイムズ」がその一ヶ月以上前の四月五日に、原子炉内の状況について「メルトダウンした燃料はどこに落下し、どのような形状になっているかが問題である。どこまで水があり、原子炉内がどのような状況にあるか不明である。福島では、これから何があってもおかしくない」と警告していたじゃないか。

いや、もっと大変な事実が、そのあとで明らかになった。五月一五日に、ついに事実を隠せなくなって、東京電力の関係者が「一号機では津波より前に、地震の揺れで圧力容器や配管に損傷があった」ことを初めて認めたのです。福島第一原発の元設計技術者で、サイエンスライターの田中三彦さんが指摘していた通りの重大事です。そして翌一六日には、「二号機・三号機もメルトダウンを起こしていた」ことを明らかにしました。さらに一六日、東京電力は一号機の非常用復水器が本震直後、つまり津波が来襲する前から三時間停止していたことを公表しました。運転員が停止したと言うが、実はこれも嘘で、地震の衝撃で破損していた疑いが濃厚です。五月二四日には、三号機でもＥＣＣＳ（非常用炉心冷却装置）の高圧注水系配管が、わずか五〇七ガルの地震の一撃で破損していたことが判明した。最高ランクの耐震性を持つ機器が、この程度の揺れで壊れてしまうのだ。さらに東京電力の公開資料を追跡したところ、一号機と二号機でも、地震で配管が破損していたことが明らかになった。要するに、この一連の事実は、「原発は地震の揺れには耐えたが、津波によって事故が起こった」という、これまでの東京電力の発表が、すべてデタラメだったということです。なんと、爆発した一・二・三号機とも、地震の揺れでぶっ壊れていたんだ。津波じゃない。しかもその揺れというのが、ほんの五〇〇ガル前後だよ。

最近の地震の記録を、日本人は知らないのかね。

・二〇〇〇年一〇月六日の鳥取県西部地震で、鳥取県日野町で観測史上最大の加速度一四八二ガルを記録。

・二〇〇三年七月二六日の宮城県北部地震で、宮城県鳴瀬町でそれを超える二〇三七・一ガルを記録。

・二〇〇四年一〇月二三日の新潟県中越地震で、新潟県川口町で二五一五・四ガルの観測史上最大を記録。

・二〇〇七年七月一六日の新潟県中越沖地震で、柏崎刈羽原発が大破壊され、三号機タービン建屋一階で二〇五八ガルの揺れを観測。

・二〇〇八年六月一四日の岩手・宮城内陸地震では、二キロ四方が陥没して山がまるごとひとつ消える大崩落でグランドキャニオンのようになり、上下動三八六六ガルを記録した。これは重力加速度の四倍にあたる。しかも「活断層がない」と言われていたところに、巨大な活断層が姿を現した。

阪神大震災が起こって以来の日本は、この通り地震の活動期に入って、今回の東日本大震災よりはるかに大きな揺れが続発してきた。ほとんどが二〇〇〇ガルを軽く超えている。しかもこの激動は、これから数十年続くんだよ。数十年だ。耐震性はすべてチェックを受けている原子炉が五〇〇ガルで壊れたんだから、私が予測した通り、日本の原発は、どこでも普通の地震が来れば終りになることが、明らかになったわけだ。今年まで大事故がなかったのは、たまたま原発が地震の直撃を受けなかっただけだ。だから私は『原子炉時限爆弾──大地震におびえる日本列島』（ダイヤモンド社）を書いたんです。

そして福島第一原発の今の状況ですが、燃料棒を取り出すまで、放射能の流出が続きます。ところがメルトダウンした燃料棒がぐちゃぐちゃのかたまりになって、原子炉か格納容器のどこかに落ちているので、放射能のかたまりを取り出せない。つまり空へ、海へと、放射能の大量放出が続くということです。

私はね、そうした絶望的な事実をほとんど伝えずに、国民に対して気休めばかりを発信してきたメディア、特にテレビですが、彼らの責任が最も重大だと思います。東電のウソの会見の責任を追及しようとしたジャーナリストの上杉隆さんは、レギュラーで出演していた番組から降ろされてしまった。何ておそろしい国に生きているのだろうと思いました。事故のあと、彼が東電記者会見で「ヨウ素、セシウム、プルトニウムなどの放射性物質がすでに出ているはずだ」と追及すると、大手メディアの報道記者に「黙れ、同じ質問ばかりするな」と妨害されたのですよ。ウソの報告に何の疑問もはさまず、東京電力に飼われているプレスの態度は、日本の報道に対する信頼性を完全に失墜させましたね。全世界が、これが日本のジャーナリズムかと、呆《あき》れかえっています。しかもフリーのジャーナリストや海外のメディアは、当初、官邸の会見場から締め出されていた。その原因がどこにあるかといえば、一部の記者たちは、ちょうど事故が起こった時に東電の接待旅行で中国へ行っていた。そして、その接待リストを電力会社が握っているので、もし東電を批判すればリストが流出して、この記者たちの名前が世間に漏れてしまう。だから何も言えない恥ずかしい状況だったというのです。なんという世界だ。

明石　基本的に、日本のマスコミ報道の現場において、原発政策に異を唱える主張を紹介したり、反原発運動を肯定的に取り上げたりすることは長年、タブーだったのです。ただし、反核（反原水爆）運動や、原発の「安全性」を語る分には大したタブーはありません。そしてその状況は、原発震災が発生し、漏れ出した放射能が首都圏にまで飛来する事態に至ってもなお、さほど変りはないなと実感しています。

マスコミ報道で重用されるのは、原発推進派に分類される〝識者〟や〝専門家〟〝科学者〟と称する人々です。こうした傾向は、今回の福島第一原発事故でさらに強まっている。彼らは顔や名前や肩書が違っても、「安全です」「大丈夫です」と、決まって紋切り型の口上を述べる。そんな彼らをマスコミが繰り返し使い続けるのは、そうしたニーズがマスコミの側にあるからで、彼らがそのニーズに応える期待通りのコメントを吐いてくれるからです。事故が拡大し続け、その深刻な状況を一度でもまともに解説してしまうと、その後はマスコミから声がかからなくなる。

広瀬　そうした人間の安全デマに踊らされているうちに、われわれの予想した通り、事態はどんどん深刻になっていった。最初からあれだけの水素爆発の爆風による衝撃があって、誰が見ても、お釜や格納容器や配管、配線が無事なわけがない。計器もすべて影響を受けているのだから、原子炉内の温度や中性子量、放射線量、水位など、事故の収束に不可欠な数値を、今日まで無能の限りをつくしてきた東電や保安院が、正しく掌握してきたとは考えられない。核分裂を制御する制御棒がまともな形で残っているはずがない。灼熱《しゃくねつ》の燃料棒が、どこに、どのような形で落下しているかという最も重要なことさえ、中をのぞけないから誰にも分っていない。

だから私は現在でも、日本のすべての気休め報道を疑って、いつ何が起こっても不思議ではないと思っています。問題なのは、原子炉というのは、とにかく膨大な配管や配線のダクト、弁が密集している複雑な設計であるということです。その配管のうち、原子炉に直結している箇所が破損していることを、田中三彦さんは早い時期から推測していた。でも、どこが破損しているか、誰にも分らないわけです。しかも現場は高濃度の放射線が放出されているから、作業員が近づけない。被曝による死を覚悟で近づけたとしても、入り組んだダクトのどこが破損して、放射能が流出しているかを見つけることは不可能です。破損箇所が見つからなければ、注水した水がダダ漏れ状態になって、高濃度の汚染水が永遠に出続ける。穴の開いたバケツにジャブジャブ水をつぎ込んで汚染水を膨大につくり出している状態です。

ところが、「今のところ安定」という東電の発表や、あんな単純なマンガみたいな図解で「大丈夫、安全」という嘘をメディアは鵜呑《うの》みにして報道し続けた。とくにテレビは、これでもかこれでもかと御用学者を出していた。東電がテレビの大事なスポンサーだからといって、国民の命と引き換えに、よくもこういう報道ができるものだと、放送業界の人間性がおそろしくなった。あの連中だって、家に帰れば自分の家族や子供がいるだろうに、なぜ危険な状況を黙認するのか。人間として、親として、自分の家族に対してよく恥ずかしくないものだ。戦時中の大日本帝国軍部の大本営発表だけを報じて、国民を最後の地獄まで連れ込んだ報道界が、当時と何も変っていなかったのはおそるべきことだ。

明石　〝識者〟や〝専門家〟〝科学者〟の中には原発に反対する人も数多くいるのですが、彼らが報道に登場する頻度は原発推進派のそれに遠く及びません。「不偏不党」「中立公正」とは名ばかりで、明らかな偏向報道状態にある。

例えば、四月一〇日に東京・高円寺で繰り広げられ、一万人以上が参加した反原発デモは、共同通信と日本テレビ以外の大手マスメディアから黙殺されました。今、反原発運動が世界規模で拡大していますので、〝実はあの日、高円寺の反原発デモを私たちも取材していました〟と、当たり前のことのように言い出す報道機関も現れています。つまり、記者は取材しているのに、紙面や番組で取り上げないのです。現場で取材する記者たちは、これまでのものとは明らかに異なる「二一世紀の反原発気運」の高まりを肌で感じているのに、紙面や番組をつくる決定権を持ったデスクや幹部たちがそのことを無視し続けてきた。事実さえ無視しようというのですから、報道を弾圧したり検閲したりする国のことを笑えません。

このように、大事故が起ころうと「反原発」は基本的にタブーのままです。変る可能性がゼロとは言いませんが。

広瀬　そうなると、最終的に事故がどうなるかまったく分らないまま、危険性をずっと隠しているので、もっと重大な事実を隠している可能性がある。分っていても、出さない。

明石　三月一二日から一五日の間に福島第一原発で起こったことを報じた朝日、毎日、読売、河北新報の各新聞記事などをもとに、事故を時系列に整理してみると、こうなります。こういう記録は、普通の人がうっかり忘れがちですが、よく読んでみると大切なことに気がつくので、ここに再録しておきたいのです。

【三月一一日】
・一四時四六分頃、東北地方三陸沖地震発生。
【三月一二日】
・九時三〇分までに福島第一原発一号機で「格納容器」の弁を開け、蒸気を放出（これを「ベント」または「ウェットベント」という）。
・一五時三六分頃、第一原発一号機で**水素爆発**。白い噴煙が上がって、原子炉建屋の上部が吹き飛ぶ。
【三月一三日】
・五時一〇分、第一原発三号機で、原子炉の冷却機能喪失。
・九時二〇分、第一原発三号機でベント。
・福島県は同日、福島第一原発の三キロ圏内から避難した一九人に、放射性物質が付着していたと発表。一二日に見つかった三人に加え、住民の被曝は計二二人に。
【三月一四日】
・一一時一分、第一原発三号機で**水素爆発**。原子炉建屋の上部から赤い炎が出た後、きのこ雲のような黒い噴煙が真上に数百メートルほど立ち上り、建屋上部が完全に崩壊。その後、大きな固まりがいくつも原発上に落下。
・二三時五五分から翌三月一五日の一時半ごろにかけ、福島第一原発正門付近で〇・〇二マイクロシーベルト／時の中性子線を観測。中性子線は一三日から一五日にかけて同原発の正門付近で観測されていた。

【三月一五日】

・〇時過ぎ、第一原発二号機で原子炉格納容器内の蒸気を外気へそのまま放出（ドライベント）。水を通して放出する「ウェットベント」に比べ、「ドライベント」では放射性物質が高濃度のまま大気に放出される。
・六時頃、第一原発四号機の使用済み核燃料プールで**水素爆発**。原子炉建屋が損傷。建屋の壁に八メートル四方の穴が二ヶ所できる。
・六時一〇分頃、第一原発二号機原子炉建屋内で**水素爆発**と思われる爆発音。格納容器の下部側にあるサプレッションプール（圧力抑制室）が破損。
・七時四〇分、茨城県鉾田《ほこた》市で五三四三ナノグレイ／時を観測。風に乗って放射能はその後も南下し、首都圏から静岡県まで放射能で汚染される。
・九時三八分、第一原発四号機原子炉建屋四階の北西部付近で出火。
・一〇時二二分、第一原発二号機と三号機の間で三〇ミリシーベルト／時、三号機付近が四〇〇ミリシーベルト／時（一般人の年間被曝限度の四〇〇倍）、四号機付近が一〇〇ミリシーベルト／時と、単位がマイクロからミリへと桁違いに放射線量が上昇。菅直人首相は、第一原発から半径二〇～三〇キロの範囲内の住民に屋内退避要請。

一三日からは中性子線まで飛んでいるのですね。東電では、一四～一五日に中性子線のピークが来ているのも分っていました。でも、そのことをメディアに公表したのはだいぶ後のことです。卑劣なのは、東電は事故収束のために駆けつけた自衛隊や消防、警察などの隊員たちにこうした事実を伝えていなかったことです。僕は東電に対し、この点を何度も確認しましたが、あいまいな言葉しか返ってきませんでした。自分たちの手に負えなくなったから助けてもらったというのに、その恩人たちに対して何という仕打ちをするのか。

中性子線は、人体を流れる血液の成分まで放射性物質に変えてしまうほど強力なものです（これを「放射化」と言う）。東電に「中性子線の線源は何だと思っているのか」と聞いたところ、「中性子を出す物質が原発構内のどこかにあるのではないか」などと意味不明なことを言い始める。東電本店の広報の人間がそう言うのですよ。「燃料の再臨界は考えられないのか」と尋ねても、「私たちはそうは考えていません」の一点張り。

広瀬　本当ですか。それは電話のやり取りですか？

明石　そうです。そのやり取りはぜんぶ録音してあります。なぜ中性子線が検出されたかといえば、一四日に三号機、一五日に四号機の使用済み核燃料プールで水素爆発があったと報じられたわけだから、線源として「使用済み核燃料」が真っ先に疑われるわけです。新聞やテレビではまったく報じられていないことですが、三号機の爆発はただの水素爆発ではなく、小規模の核爆発を伴っていた可能性があるのです。

テレビで繰り返し流された爆発の光景を思い出してほしいのですが、爆発で上がった煙の色が違う。水素爆発だった一号機の煙が「白煙」だったのに対し、三号機の煙は文字通りの「黒煙」でした。水素爆発だけでは黒い煙は出ません。しかも、三号機の爆発では垂直方向に数百メートルほど噴煙が立ち上った後、大きな固まりがいくつも原発上に落下してきている。爆発の威力が全然違う。アメリカのスリーマイル事故の調査に関わったアーノルド・ガンダーセン氏のような専門家の中には、三号機の爆発の際に「即発臨界」が起きていた可能性を指摘している人もいますね。水素爆発によって使用済み核燃料プール内の核燃料集合体が破壊されるほどの圧力がかかり、臨界に至った——という仮説です。

広瀬　ガンダーセン氏の解析は、とても論理的で、まず間違いないでしょう。また、四号機の使用済み核燃料プールからは、ベータ線を出すトリチウムという放射性物質が蒸気として出ているはずだと、海外の科学者たちが警告しているのに、日本ではまったくトリチウムのトの字も出てこない。これは、水に入ってくるおそろしい放射性の水素だというのに、ですよ。その高濃度の放射能が、三月一五日に福島から、茨城を南下して東京へやってきた。刻々と東京に迫ってくるあの時の放射能の動きを茨城県の人が記録していて、「本当におそろしかった。戦慄《せんりつ》を覚えた」と言って、当時の記録を送ってくれました。

明石　福島原発事故発生直後の報道機関は、三月一五日の「放射能、首都圏襲来」も「福島県内拡散」も事前に速報しませんでした。それらの事実をマスコミが報じたのは、すでにその地域が汚染された後のことです。事前に「放射能襲来警報」を発信したのは、僕が主宰する「ルポルタージュ研究所」（通称・ルポ研）のウェブサイトくらいのものでした。

一五日午前三時、それまで北や東に向かって吹いていた原発周辺の風が、南向きに変ったのです。「放射能襲来」に気づいたのは、その日午前五時過ぎのことでした。茨城県環境放射線監視センターによる県内の環境放射線測定値が急激に上昇していたからです。午前七時の時点では七九ナノグレイ／時だった鉾田市樅山《もみやま》で、七時四〇分には五三四三ナノグレイ／時を計測しました。見えない放射能の〝固まり〟が、微風に乗ってゆっくりと南下し続けているのは明らかでした。

でも、政府やマスコミは沈黙し続けている。テレビもずっとつけっぱなしにしていましたが、そんなことなどまったく言わないわけです。「ＳＰＥＥＤＩ」（緊急時迅速放射能影響予測ネットワークシステム）も、活用されている気配はまったく見られませんでした。

僕は二つの判断を迫られました。
・ネット等を使い、広く告知するか？
・逃げるか？
察知はしたものの、どんな種類の放射能（放射性核種）がどれほどの量、飛んでくるかまでは、その時点では何も分りませんでした。ただ、相当〝濃い〟ものが首都圏に向かっていることだけは確かでした。

結局僕は、「ネットで告知」をし、「逃げない」という選択をしたわけです。東京都内にある自宅を取材の「前線基地」とする覚悟を決め、妻にもそう伝えました。わが社の社員は当日、出勤停止にしています。そしてあの日午前八時前に、ルポルタージュ研究所のホームページに次のような「お知らせ」を掲載しました。

●ルポ研からのお知らせ●

２０１１年3月15日

おはようございます。

ところで今、福島原発から漏れ出た放射能が東京方面に向かっています。

午前7時の段階では栃木や茨城のあたりにあって、微風に乗ってゆっくりと南下中です。

市民レベルの放射線データ観測活動でもその事実は確認されております。

この情報をルポ研のサイトにアップすべきか、悩みましたが、政府やマスコミはこの情報を隠蔽し続けており、公表を決断致しました。

取り急ぎ、お知らせまで。皆様、本日は特に雨に濡れないようお気をつけ下さい。

このタイミングで公表しなければ、首都圏に暮らす市民が放射能の襲来を知るのは被曝してしまった後のことになります。公表するなら、躊躇《ちゅうちょ》している余裕などありませんでした。でも、掲載直後からホームページへのアクセス数がうなぎ登りで増え続けていくのは驚きでした。僕らのサイトを見に来る人は日に二〇〜三〇人くらいが関の山なのに、その日のアクセスは増え続け、二〇〇〇人以上来ました。

広瀬 テレビや新聞など大手のメディアには情報が出ないから、みんな不安でインターネットの中で情報を探し回っていた。私はネットはあまり好きではない人間で、本質的には信用しないのだけれど、この頃から海外のウェブサイトに頼って事実を知ろうとしました。

明石 僕のサイトでの公表から約一時間半後の午前九時半過ぎになって、NHKがようやく「放射能南下」の事実を報道しました。茨城県東海村にある東京大学の施設で午前七時四六分に「五マイクロシーベルト／時」（通常の一〇〇倍）が観測され、通報基準値を超えたために、原子力災害特別措置法に基づく通報を国におこなった——というニュースです。でも、その頃にはすでに〝濃い〟放射能は東京や神奈川まで到達していました。

これが、日本の「報道」の実態であり、力量なのです。判断材料を被曝後に示されたところで、手遅れじゃないですか。それほど今の報道は頼りにならない。

広瀬　あの一五日、東京ではヨウ素とセシウムのことしか言わなかったけど、私がこわかったのはテルル132という金属が出たこと。これは京都大学原子炉実験所の小出裕章さんのデータだから間違いない。ヨウ素、セシウムどころじゃない。テルルは融点四四九℃、沸点九八九℃の物質だから、こんな高温にならないとガス化しない物質が空を飛んで東京まで来ているということは、原子炉の内部で取り返しのつかないことが起こっている証拠だと思った。チェルノブイリ原発事故の時にはるか北欧で検出された金属を思い出してね。

明石　テルルという名前が新聞に出たのは、それから一週間近くたってからです。でも、報道では広瀬さんの言うようなおそろしい物質だなんていう説明はない。

一五日は、NHKの第一報後、さすがに各報道機関は揃《そろ》って「放射能襲来」を報じました。しかし、東京の新宿では通常の二一倍の放射線量が観測され、炉心溶融の証拠とも言える放射性セシウムやヨウ素まで検出されたというのに、その手の報道には必ず「ごく微量で、ただちに健康に影響を及ぼすレベルではない」といった注釈が添えられていました。

なぜ無責任にそんなことが言えるのでしょうか。福島第一原発の三号機で使っていた核燃料は、ウランとプルトニウムを混ぜ炊きする「プルサーマル燃料[*3]」です。三号機はもともとウラン燃料を燃やすように設計されていた原子炉で、実験的に混ぜ炊き燃料（MOX燃料）を使い始めた矢先に爆発事故に見舞われ、高い上空まで噴煙を吹き上げた。しかもハワイでもプルトニウムが検出されている。だから、東京に南下してきた放射能に毒性の強いプルトニウムが混じっていたとしても何の不思議もなかったわけです。

＊3　プルサーマルは、日本国内の商業用軽水炉で燃やした使用済み核燃料を再処理してプルトニウムを回収し、ウラン・プルトニウム混合酸化物（MOX燃料）として再び軽水炉で使用する燃焼法。

広瀬　そう、チェルノブイリ事故の時のソ連政府を思い出して、「日本のテレビはソ連よりひどい」とテレビに向かって叫んだよ。その汚染が今も続いていることを、東京の人間が知らないのだ。四月二九日に、静岡県の浜岡原発の現地の方を招いて、小出さんと私の講演会が明治大学でおこなわれたのですが、浜岡原発でずっと反対運動をなさってきた伊藤実さん夫妻が、「浜岡でいつも放射能の測定をしていますが、東京に来たら、そのカウンターの数字が二倍になりました」と言うのです。東京の大気中の放射能が原発現地の二倍ですよ。三月じゃないです。四月二九日です。だから五月の連休中も、そのなかでみんな過ごしてきたわけです。こうした汚染について、海外のメディアは、事故の早い段階から日本のマスコミが報道しない福島事故の深刻さを報道していました。ヨーロッパ放射線リスク委員会の専門家が福島原発の使用済み核燃料の危険性などを指摘して、「こんな非常事態になっているというのに、なぜ日本人は呑気《のんき》にしているのか」と驚いていました。海外のメディアのほうがずっと事故のこわさを正確につかんでいました。日本の国民は正確な事実を知らされずに、「ごく微量で」という馬鹿げた発表を、現在も信じ込まされている。

明石　四月二日には、核汚染に対処するアメリカ海兵隊の特殊部隊「CBIRF《シーバーフ》」が東京の横田基地に到着しています。福島原発事故のさらなる悪化に備えるためだという。「安全」で「大丈夫」なら、なぜ彼らがわざわざ来日するのかということです。

広瀬　まあアメリカ政府もトモダチ作戦とか美談調に言っているけど、本心では自分の国で進めてきた原発新設プロジェクトのために、福島の原発事故を早く収束させたいという思惑がある。実際、福島のことでアメリカ国内でも反原発運動が巻き起こっているし、早く始末しないと政権運営に関わってくるからね。しかし、私としてはもっと早くアメリカの力を借りるべきだったと思う。自衛隊じゃ駄目だから、最初から米軍に来てくれと思った。彼らは核の専門部隊を持っている。事故後すぐの初動が最重要だったのに、菅政権が「自国で対処する」とアメリカの協力を断ったから、ここまでひどくなってしまった。

私は阪神大震災が起こった後、『柩《ひつぎ》の列島』（光文社）と題して地震の問題を書いたのですが、そこで一番に訴えたのが「自衛隊を全部改組して災害救助隊にしろ」ということでした。今でもそれを、日本人に訴えたいです。戦争部隊を持つより前に、日本は人命救助の部隊を持つべきじゃないですか。迷彩服を着て人命救助をするのはおかしいと思いませんか。こんな非常事態が起こった時に何でもできる体制がアメリカにはある。だから私はこういう時にアメリカ頼みの心境になる。彼らは危険な事態へのきわめて高い対応能力を持っている。陸から海上から、州政府が強い政治力で専門救助隊を育てて防災体制を整えている。日本はこれだけ天災を受ける国でありながら、災害救助隊というものがない。消防隊員や自衛隊員が、命懸けで働くことは美談ではあるけれど、あの人たちも、放射能のことを正しく教えられていないから、被害者なのです。それでは、住民を救えません。日本は、何があっても行き当たりばったりの泥縄でやるから、どうにもならない。

明石　海水を注入すると塩の悪影響があるからと真水に戻させたのもアメリカのアドバイスだったし、格納容器内の水素爆発を防ぐために窒素《ちっそ》の投入を強く要請したのもアメリカですよね。

広瀬　そう。アメリカの原子力規制委員会（ＮＲＣ）は、電力会社から独立した組織で、非常時に対する計算能力がある。しかし、真水も窒素投入も、最悪の危機を何とか切り抜けているように見えただけで、放射能放出を食い止めることには、何も役立たなかった。

汚染水は東電の本社に保管させろ

明石　立て続けに発生した原子炉建屋の水素爆発のあと、一号機から三号機の三基の原子炉と使用済み核燃料プールを冷却するために注水を続けているわけですが、そのため、放射性ヨウ素やセシウムを多量に含んだ超高レベル放射能汚染水が大量に海に漏れ出してしまいました。この回収は不可能です。
一九九四年のことですが、僕は日本原子力発電・敦賀原発の半径一〇キロ圏内に暮らす住民たちの健康調査をおこない、その結果、原発の対岸地域で悪性リンパ腫《しゅ》というガンが集中発生していた事実を突き止めたことがあります。地元で噂《うわさ》として流れていた「他地域よりガンが多い」という話を、実際に検証してみたのです。ただ、敦賀原発では今回の福島事故のような、多量の放射能を環境中に撒《ま》き散らす大事故が起こっていたわけではない。この話は「通常運転」であったにもかかわらず、周辺住民の健康に〝異変〟が生じたわけです。これを「週刊プレイボーイ」で連載し、『敦賀湾原発銀座［悪性リンパ腫］多発地帯の恐怖』（㈱技術と人間）という本にまとめています。[*4]
福島第一原発から環境中に漏れ出した放射能のうち、海に漏れ出したもので最悪なのは、放射性ヨウ素の濃度限度（排出基準）の何と一億倍にも達する超高レベル放射能汚染水なのだと言います。いきなり「一億倍だ」などと言われても、私たち一般人にはとてもピンとくるものではありません。つまり想像を絶する、甚だしい法律違反が進行中なのです。
おかげで取水口付近の海は、濃度限度の七五〇〇万倍という放射性ヨウ素で汚染されてしまいました。

その一方で東電は、「漏れ続けている高濃度のものに比べれば、大変、低濃度の汚染水だ」と言いながら、さらに何万トンも海に放出している。こちらは事故で漏れ出したのではありません。「高濃度の汚染水置き場をつくるため」と言い訳しながら意図的に流したわけです。こんなことをしていたら、海外から「海洋汚染テロ国家」と非難を浴びてもしょうがない。私が確認した敦賀原発周辺での〃異変〃とは比較にならないほどの非常事態が、近い将来、福島周辺で発生するのは避けられないと思います。

それに加え、今もなおダダ漏れ状態の汚染水をどうするのかといえば、完全にお手上げ状態です。注水を停止すれば、核燃料の溶融がさらに進んでしまう。冷やせば汚染水がダダ漏れのジレンマ。広瀬さんは、事故発生後の対応をどう見ているのですか。

＊4　ルポルタージュ研究所のホームページ（http://www.rupoken.jp/）で電子書籍をダウンロード可能。

広瀬　燃料棒が破損してどこかに落ちていることは、もうみんな認めています。燃料棒が立っている状態じゃなくて落ちて固まりになっているのだから、表面が厚く酸化して、固まりの内部は冷却できないでしょう。おそらく半熟卵のように、内部が溶けて、表面だけ冷やしている。配管のパッキン類が溶けたり、溶接部が壊れたりしたことによって、圧力容器も格納容器も破損していることは間違いない。そうなるとさっきも言ったように、ポンプで圧力容器や格納容器に注水しても、底の抜けたバケツに水を入れるのだから、汚染水がどんどん漏れ出してゆく。一〇〇℃以下の冷温停止にするには、水素爆発直後にすぐ、GE（ゼネラル・エレクトリック）の技術者たちが「ワシントン・ポスト」でアドバイスしていたように、外付けの冷却回路をつけるほかないというのに、東電がそれを試みたのは、ようやく二ヶ月後だよ。しかし結局、被曝量が高すぎてその作業もできない。

呆れたのは、元東電の人物が「穴を掘って汚染水を地下に流し込め」とテレビで言ったことですよ。要するに答は一つ。汚染水は、そういう暴言を吐く東電の本社ビルに保管させろということだ。本社が放射能汚染水でいっぱいになったら霞ヶ関の保安院に持っていけ。それができないのなら、連中の安全論は全部嘘なのだから、国民が信用するはずがない。

明石　こんな非常事態になっているのに、一〜四号機までは廃炉を決めたけれど、五号機、六号機にはまだ未練があるようなことを東電の勝俣恒久会長が言っていましたね。

広瀬　役員報酬を半額にして責任をとるという企業だから、国民も呆れている。報酬があること自体信じられない。四月二五日の「読売新聞」は、東電の取締役の平均報酬は、約三七〇〇万円と報じている。

しかし、海に高濃度汚染水が流出していることが判明してから、彼らが何をやった？　おむつの吸水ポリマーとおがくずに新聞紙だ。まるで子供だ。そんな恥を世界にさらして、東電の技術的な能力は完璧に信用を失ってる。水ガラスでようやく流出は止まったけれど、今度は出た水を持って行く場所がない。

もう一つ私が懸念しているのは、地震と大津波のせいで、地下に水路や亀裂ができているということです。しかも東電は、その地下の水路を知ることさえできない。だから地下水にも放射能が出てきた。そうなれば、排水口を固めても、見えない水路から海に流れ出る。そして、その事実を東電がつかんでいながら、隠している。

明石　高濃度汚染水の処理問題では、フランスのアレヴァ社が乗り込んできて支援するといっていましたが、かなり胡散臭《うさんくさ》いですね。

広瀬　ああ、あれは駄目です。アレヴァ社のアンヌ・ロベルジョンというCEO（六月一六日に退任）はトンデモナイ女傑だ。来日して「汚染水処理はまかせろ」なんてテレビで言っていたけれど、フランスなんか信用してはいけない。火事場泥棒みたいなものです。

明石　僕もそう思います。フランスのラ・アーグ使用済み核燃料再処理工場周辺の海で深刻な放射能汚染が発覚していますけど、あそこはアレヴァ社が経営しているのです。再処理工場が放射能汚染水を海にガンガンたれ流している。「汚染水処理の専門家」だなんてとんでもない話なわけです。

アレヴァ社の前身である「コジェマ」という会社が再処理工場を運営していた時期の一九九七年の話ですが、あの周辺で小児白血病が増えているという疫学調査が公表されたことを受け、僕はフランス現地取材を敢行したのです。その結果は、その年の一一月から「週刊プレイボーイ」に連載して報告したのですが、原発推進陣営はこの疫学調査の影響が日本にまで及ぶのを阻止しようと、日本からわざわざ放射線医学総合研究所（放医研）

出身の岩崎民子という御用学者をフランスに派遣し、疫学調査の結果に茶々を入れようとしていました。その連載記事は拙著『責任者、出て来い!』（毎日新聞社）にも収録してありますが、記事では「疫学の専門家」を自称していた岩崎という人が実は疫学のイロハさえ知らない人物であり、ニセモノの科学者だったことを暴いてしまいました。

実を言うと岩崎には、前述した敦賀原発周辺で僕らがおこなった住民健康調査にも難癖をつけてきたという〝前科〟があったんですね。当時の科学技術庁に担ぎ出され、「疫学の専門家」を自称しながら、僕らの調査には何の科学的根拠もないと揶揄《やゆ》してきたわけです。それだけに、容赦なく筆誅《ひっちゅう》を加えることにしました。

被曝と悪性リンパ腫の発症に因果関係がある可能性を世界で初めて指摘したのは、実は「週プレ」の調査だったんです。僕らが一九九四年に問題提起をするまで、被曝と悪性リンパ腫の発症を関連づける研究は世界中のどの国でもおこなわれていませんでした。白血病以外のガンは被曝と関係ないとされていたんです。しかし、僕らの連載記事が発表されてから一五年後の二〇〇九年、労災認定の対象疾患として、放射線による悪性リンパ腫と多発性骨髄腫（悪性リンパ腫の一種）が加えられることになりました。

広瀬　結果的に、国が担ぎ出してきた「専門家」が一介のルポライターに完膚《かんぷ》なきまでにやられてしまったんだね。「御用学者」としての務めを果たせなかったのだから、彼女はこれ以上ない大恥をかいた。ただ、明石さんの問題提起が公式に認められるまでに一五年もかかってしまった。

それはともかく、自国フランスでそんなことをやっている会社にカネまで払い、同じことを日本でやられたらたまらない。ラ・アーグ再処理工場は、世界一の秘密主義だから、放射能の廃液をたれ流しても平気です。そのアレヴァ社が日本の六ヶ所再処理工場をつくったのだよ。

明石　原発立国といわれている国はどこも管理が杜撰《ずさん》ですね。自分の国ですらそんな程度なのにもかかわらず、日本に来て「私たちに任せれば処理できます」みたいなことを言うのは許せないですね。彼らの語る「処理」とは、広瀬さんの言う「世界一の秘密主義」に裏打ちされた企業秘密を盾にして、放射能汚染の事実をうやむやにしてしまうことかもしれません。

広瀬　子供の白血病を増やしている当事者が正義の味方みたいな顔してペラペラしゃべっ

て、マスコミを洗脳している。それを真に受けて、日本のメディアは「心強い支援」なんて報道している。冗談じゃない。

明石　そうなのです。結局何もできないと思うのですよ。ただその後、多分しっかりとおカネだけは東電に請求するような気がするのです。それにかかったおカネがまた電気料金に上乗せされるわけだから、どこまでも庶民は馬鹿を見ている。

広瀬　ともかく汚染水の処理は、国民が監視しなければいけないのに、監視する手段がない。もちろん私たちは原発には近づけない。一番こわいのは、東電が処理しきれず、最後には希釈して海に流すことだ。東電が取り仕切って来た六ヶ所再処理工場は、その予行演習をずっとやってきた。原発の一八〇倍の放射能を放出していい、という濃度規制で運転してきて、海水で薄めればいくらでも流していいという恐怖の工場だからね。その六ヶ所再処理工場を経営している日本原燃の会長だったのが、当時の東電社長で現在の会長、勝俣恒久だよ。今、日本全国の企業は、福島原発の汚染水の処理法を打診されて、タンクなどいろいろな方法を検討しています。私にも、その技術的な相談がきています。すぐれた企業の力を結集しないと、日本はさらに取り返しのつかない海洋汚染を広げてしまいます。

明石　結局アレヴァ社のやることは、フィルターなどを使っておざなりの〝放射能除去〟をした後、広瀬さんの言うとおり「海水で薄めて」放流するための段取りをつけることくらいかもしれませんね。

子供たちが被曝している

明石　そこで現時点ですごく気になるのは、福島原発から放出され続けている放射性物質で、まだ把握されていない物質が多数あることです。放射性セシウムやヨウ素、プルトニウムまでは報道されるようになりましたが、被曝した人の骨にたまる、厄介な「ストロンチウム90」の情報は、当初まったく公表されませんでした。

実は、僕が四月八日の「東京新聞」夕刊でストロンチウム測定値の公表を急ぐよう指摘したところ、翌々日（四月一〇日）の「朝日新聞」社説がこの主張に続き、その二日後になって文部科学省が「実はストロンチウムが検出されていました」と公表しているのです。[*5]

文科省は放射能大量放出直後の三月一六日から一七日にかけ、高濃度に汚染された浪江町と飯舘《いいたて》村で土壌を採取しています。二週間もあれば測定できるし、厚生労働省の「緊急時における食品の放射能測定マニュアル」に従えば、葉物野菜ならほんの一日か二日で測定可能なのです。なぜ指摘されるまで隠すのか。それに、飯舘村が高濃度に汚染されていることが明らかにされ、大々的に報道されたのは、この土壌採取後のことです。住民には内緒で調べていたわけですね。文科省では飯舘村が危険なことをいち早く把握していたことの証拠とも言えます。

このストロンチウム90は、骨の中にあるカルシウムと置き換って体内に蓄積して、強い放射線（ベータ線）を長期間放出し続ける。半減期は二八年です。これが福島第一原発から今も海と大気に放出され続け、環境中に拡散しつつあると見てまず間違いないと思います。

＊5　文部科学省は四月一二日、福島県でサンプル調査をした結果、土壌と葉物野菜から放射性ストロンチウム89と同90が検出されたと発表した。六月八日には、福島第一原発から六二キロ離れた福島市や、南相馬市、田村市、二本松市、浪江町、飯舘村、川俣町、川内村、葛尾村、広野町でもストロンチウムが検出されたことが明らかになる。最も多かったのは浪江町赤宇木で、土壌一キロあたりス

トロンチウム89が一五〇〇ベクレル、同90が二五〇ベクレル。続いて多かったのは飯舘村八木沢で、ストロンチウム89が一一〇〇ベクレル、同90が一二〇ベクレル。

また東京電力は六月一二日、福島第一原発の周辺の海や、地下水の流入する「サブドレン」からストロンチウムを検出したと発表した。三号機取水口付近の海からは濃度限度（三〇ベクレル／リットル）の二四三倍に当たる七三〇〇ベクレル／リットルものストロンチウム90を検出。二号機の「サブドレン」からは六三〇〇ベクレル／リットルのストロンチウム90が検出された。

広瀬　だいたい東電は最初の、最大量の放出の時から、放射性物質の分析なんて一度もまともに報告してこなかった。やっていたのはガンマ線だけ。東電はプルトニウムの分析器すら持っていなかったと言われたが、実はそれも嘘で、プルトニウムが出ているのに隠していた。コバルトも出ている。テルルも出ている。そんな連中を日本人は信じるのか。

明石　東電広報の話では、福島第一にはプルトニウムを測れる分析器がないため、土壌のサンプルをわざわざ日本原子力研究開発機構まで送って調べてもらったというのです。

広瀬　プルトニウムのＭＯＸ燃料を使ってプルサーマルを導入した連中が、「プルトニウムの分析器を持っていませんでした」とは、よく言ったものだ。

明石　こうなってみて初めて分った話で、大事故が起こることを本当に何も想定していない。だから、備えもない。対策はすべて泥縄式になる。

広瀬　ストロンチウムが検出されても、「ただちに健康に問題はない」「微量」でごまかしている。放射性物質が体内に取り込まれて蓄積していく体内被曝は晩発性の被害なのだということは、広島、長崎、チェルノブイリの一〇年後、二〇年後を見れば、誰でも分るじゃないか。チェルノブイリでは、たくさんの村が、なくなってしまった。日本の人口密度は、ロシアやウクライナと比較にならないというのに。

明石　原発のすぐ近くから避難してきた住民たちが被曝していることが判明し始めた三月一三日頃は、放射線測定器で毎分一万三〇〇〇カウント（ＣＰＭ）以上を計測した人すべてを「全身の除染が必要な被曝」とみなして、シャワーで全身を洗い流していたのですね。ところが、除染を受ける人が増え始めた一四日になると、福島県はいきなりその基準を引き上げた。国が派遣したという〝放射線専門家〟の意見を聞き入れて、基準を七倍以上の「一〇万ＣＰＭ以上」としたのだそうです。

それ以降、「今日は何人の市民を除染」といった類《たぐい》の情報が報道から消えてしまった。

でも、福島から放射能が消えたわけでも、被曝者が減ったわけでもないのです。こうやって真実は隠蔽されていくのかと思い知らされましたね。

広瀬　長崎大学大学院教授の山下俊一が、福島県放射線健康リスク管理アドバイザーになって、汚染された福島県内各地で「大丈夫、大丈夫」と講演してきました。地元の人が記録をとっておいてくれたのだが、三月二一日に県庁所在地の福島市「福島テルサ」で山下が「放射能安全論」を地元民に吹き込むために開いた講演会で、こんなことがあったそうです。

牛の原乳から放射性物質が検出された問題について質問された山下が「あれは心配する必要はありません。牛はね、何も分らないからそこら辺の草を勝手に食べちゃうんです。人とは違うんですね」としゃべった。すると、会場に酪農家の女性がいて、山下に言ったそうだ。「今の季節は外は雪で、草はありません。牛が食べているのは夏の間に刈り取った牧草です。私たちと牛が共にしているものは水と空気です。だから心配なのです」。山下は、何も答えられずに、みんなの前で赤恥をかいたそうです。寒い東北の酪農家であれば、冬場に乳牛に与える餌《えさ》は、秋前に牧草を刈り取ってサイロに入れたものに決まっているじゃないですか。乳牛には、たくさんの水を飲ませるのですよ。原乳の放射能検出は、その水の汚染を示しているわけで、酪農家が本当に心配になるのは、当然なのです。こんな基本的なことも知らない大学教授が、放射線の専門家だと偉そうにして、放射能安全論をしゃべっている。このような人間を放射線健康リスク管理アドバイザーに雇う福島県の佐藤雄平知事は、住民の健康を本心から考えていないと批判されるべきだ。五月一四日には、その佐藤知事も、知事が先頭に立って、東京都内で岩手、宮城、福島三県農産物の大売り出しをやって安全を宣伝し、風評被害追放の一大キャンペーンをしていたが、今回は風評被害なんて、ないんだ。日本全土が放射能汚染されたのだから、すべて実害だよ。そもそも佐藤知事は、二〇一〇年のプルサーマル導入にゴーサインを出した責任者だ。

明石　福島第一原発の三〇キロ圏の同心円外に位置する飯舘村周辺に住む人々は、明らかに高い汚染にさらされているにもかかわらず、ずっと放置されました。ここに住む一五歳以下の子供たち約九五〇人について甲状腺の被曝線量を調べた結果が、四月二日に国から発表されたのですが、「いずれも問題なかった」という。最高で毎時〇・〇七マイクロシーベルトで、国の原子力安全委員会が定める基準値（毎時〇・二マイクロシーベルト）を下回っているから問題なしなのだそうです。

しかし、子供の喉《のど》付近に放射線測定器を当てると、数値はどうあれ、針が振れるのですよ。原発事故でもなければありえない光景です。子供たちはすでに放射性ヨウ素を甲状腺に取り込んでしまった。にもかかわらず、「問題なかった」と言いきれる残酷さを「科学的」と呼ぶのなら、そんな役に立たない科学なんていらないですよ。

広瀬　原子力推進集団は、科学者とは到底呼べない。それはとっくの昔から分っていたことです。東京大学大学院教授の小佐古敏荘《こさことしそう》が、四月二九日に政権を批判して、内閣官房参与を辞任して話題になったでしょう。一番驚いたのは、私だよ。福島県内の小学校や幼稚園などの利用基準で、被曝限度を年間二〇ミリシーベルトと設定していることを「とても許すことができない」と非難したのだが、その立派な発言をした小佐古は、私が放射性廃棄物処分場問題の公開討論会でやりあった相手で、これまでで最も悪質でしたよ。私が資料を出すと「引っ込めろ」と怒鳴って発言もさせなかった。

明石　そんな〝経歴〟の持ち主だったとは知りませんでした。ともあれ、国が福島県に派遣した〝放射線専門家〟たちは、必要ないとして子供たちにヨウ素剤を服用させませんでした。取り込んでしまってから飲ませても意味がないと判断したのか、それとも手遅れだとサジを投げたのかは分りませんが、これほどの大事故でもヨウ素剤が必要ないなら、いつ必要だというのでしょう。それに、〝放射線専門家〟たちが語る「安全だ」「問題ない」というセリフなど、お世辞にも「科学的」とは呼べないシロモノで、単なる情緒的かつ抽象的な言葉です。鵜呑みにするのは大変危険ですね。

広瀬　放射能に関してはコーデックスという国際基準があるのですよ。その放射性ヨウ素の基準値を、日本政府は暫定基準とかいって三月一七日に二〇倍に引き上げてしまった。ホウレン草だ、カキ菜だと言っている野菜類の放射性ヨウ素が、コーデックスの基準では一〇〇ベクレル／キログラムなのに、二〇〇〇に引き上げてしまった。これはとんでもないことです。なんで二〇倍にするのだ。二〇倍にしたものを基準に、新聞記事はそれの何倍だとか、それを下回るだとか言っているのだから話にならない。しかも大人と乳児の摂取限度の差は三〇〇と一〇〇で、乳児は三分の一。冗談じゃない。最低限、乳児は大人の一〇分の一にすべきですよ。それがヨーロッパ医学界の常識だ。私はそれでも高いと言ってきたのです。

それに魚の暫定規制値で放射性セシウムは五〇〇ベクレル／キログラムとなっているが、震災前の日本近海魚の平均値は〇・〇八六だったので、通常時の五八〇〇倍までが「規制値以下」になっている。これは、日本人が「安心して」寿司が食えるようにするためなのかね。要するに、それほど、とてつもない海の汚染をしてしまったということです。現場の作業者の被曝限度も、二五〇ミリシーベルトに引き上げてしまった。これは、トンデモナイ数字だよ。「放射線業務従事者の線量分布」という表が保安院から発表されていて、原発労働者の被曝量はどれぐらいかが、原発ごとに出ている。最近の数字で二〇〇九年度における その表を見ると、原発労働者の総数七万八六八七人のうち、二〇ミリシーベルトを超える被曝者はゼロだ。原発労働者の白血病の労災認定基準は、年間五ミリシーベルトだ。つまり、五ミリシーベルトでもガンや白血病が出ることを認めているのだから、二五〇はないだろう。アメリカやヨーロッパのまともな人間は、日本政府のこうしたやり方をみて、もう日本は終りだと内心で思っていますよ。日本のテレビが「海外での風評被害で迷惑している」と言う前に、まともなジャーナリズムになろうと心を入れ替えないと、まったく信用されないね。私は、日本人であることが恥ずかしいですよ。

明石　コーデックスの基準は、ＩＣＲＰ（国際放射線防護委員会＝専門家の立場から放射線防護に関する勧告をおこなう国際学術組織）がつくっているのですよね。

広瀬　私は強く言いたいのだが、ＩＣＲＰそのものがおかしな組織だよ。ＩＣＲＰというのは、そもそも大気中の核実験時代に、世界中にばらまいた放射能の危険性をごまかすためにできた組織ですからね。彼らは内部被曝を全然考慮していない。そういう組織が今の食品の安全基準をつくっている。私はＩＣＲＰや、それに頼る日本の食品安全委員会を信じる日本人が心配です。委員会のメンバーには、放射能の専門家がひとりもいなかったのですよ。今度の事故があってから、放射能について、原子力産業から一夜漬けのレクチャーを受けた集団だ。何も知らない人間たちが専門家ヅラして議論してきた。

私みたいな年寄りはいい。早く死ねばいいので、何でもパクパク食いますよ。数千倍に放射能汚染しているかも知れないマグロのトロだってあきらめて食いますよ。だけど若い人に食わせるわけにはいかんのですよ。私は、福島周辺の子供たちを逃がしたいのだよ。放射線量のグラフが上がったり下がったり、なんて言っている時じゃない。土にも水にも、毎日どんどん放射能がたまっている。累積量がこわい。本当に日に日に危なくなっているのだから、あの子たちは。まず子供と妊婦、若い女性は、もうこの連中を信じないで逃げること。それも何キロとはいえない、私は少なくとも福島第一原発から東京の距離二五〇キロぐらいより遠くに逃げないと危ないと思っている。あとに残る人は、その危険性をちゃんと認識した上で、あきらめて自分の人生を選ぶしかないとしか言えません。どうしたらいいのかと尋ねられると方法はない。大事故が起これば方法がない、解決策がない、だから原発に反対してきたんだ。被害は半永久的に続くというのが、原子力災害のおそろしいところだ。

明石　不幸にして日本はそういう時代に突入してしまったのだ、というのが現実だと思います。でも、テレビや新聞は大変飽きっぽいですね。事故発生から二ヶ月ほどが過ぎると、事故はまだ収束していないし国土の放射能汚染が消えたわけでもないのに、福島原発事故関連のニュースの数が極端なまでに減ってしまいました。

広瀬　日本人は甘いよ。中国産の農薬野菜がどうとか、あんなに騒いでいた日本人に私は言いたいですよ、何をあなたたちは騒いでいたのかって。毎日テレビをつけるとサプリメントだとか健康食品だとか言ってね。放射能をかぶった健康食品を食べたって何の意味もないじゃないですか。ここに来る道々、「歩行中禁煙」って書いてあるけれど、それを言う前に、空から放射能が降っているのだよ。二酸化炭素温暖化説を振り回して「地球の危機だ」と叫んでいた人間は、「原発の大事故なんてたいしたことない」って書きなぐっていましたが、そんなふうにエコ、エコと叫んでいた人間は、自分がどれほどいい加減なデマに振り回されてきたか、もう分ったでしょう。

「半減期」という言葉にだまされるな

広瀬　孫たちのことを考えると、申し訳ない、ごめんなさい、許して下さいと、何度謝っても謝りきれない。悲しくてしょうがないけれど、見えない汚染が確実に始まっています。今、放射性物質は何ベクレルとか言っているけれど、体内被曝は「蓄積」される被害のことなのですからね。セシウムは筋肉、ヨウ素は甲状腺や卵巣、ウランやプルトニウムは肺や生殖器に、コバルトは肝臓に、ストロンチウムは骨に溜《た》まって、静かに被害を及ぼしてゆくのです。私はこの事態を想像した時、その被害が静かに病院のなかで起こるということから、誰にも分らず進行していくことへの恐怖を感じてきました。きっと被害者は、その原因さえ知らずに、病に苦しむのだろうと思って。

明石　「安全」だけを連呼する原発産業の御用学者たちの話を紹介するばかりが、報道機関の仕事ではないはずなのですが……。

今や「被曝量管理」が必要なのは、福島第一原発で事故収束作業に当たる人々ばかりではないのです。東電や保安院の記者発表ばかりに頼っている報道機関はこのことにまだ気づいていないようですが、日本はこの冷酷な現実と率直に向き合う必要がある。

すなわち、広範な国土が放射能で汚染されてしまったという現実を踏まえれば、今すぐにでも取り掛かるべきことは、原発の半径三〇キロ圏内や飯舘村など高濃度の汚染地帯からの避難民や子供を中心に、福島県民一人ひとりの被曝量を評価し、将来にわたっての健康管理をおこなわなければならない――ということです。

彼らは、広島や長崎で被爆した被災者と同様の「ヒバクシャ」なんですね。将来ガンなどを発病したとしても、現状のままでは福島原発事故による被曝との因果関係を何ら証明できなくなる恐れがある。今後の健康管理対策として、被曝した避難民や子供一人ひとりに対し、ホールボディカウンターを使って体内に吸飲した放射能量とその種類の評価、そして外部被曝量の評価をおこなうことは、大変重要な意味があります。同時に、今後の追跡調査が容易にできるよう、医療費が無料になる「被曝者手帳」の発行も検討されてしかるべきだ。また、原子炉が「冷温停止」するまでの長期間にわたり放射能が放出され続けるのですから、福島県民の一人ひとりに積算線量計を持たせる必要があります。

広瀬　それは、すばらしい意見だ。政治家や原発推進論者たちが、加害者としての汚名を免れないようにさせるには、絶対にそれをしなきゃいけませんね。

福島で検出されたプルトニウムは、呼吸によって体内に取り込まれると長期間、肺に留まり続けて、組織にガン細胞を生み出し、それが知らないうちに自然に増殖するからこわいのです。こんな危険な放射性物質が二〇〇種類以上、原子炉でつくり出されて、福島県内だけでなく、北は宮城県にも、南は群馬県、茨城県、栃木県、千葉県、埼玉県、東京都、神奈川県にも空から広がっている。先ほど明石さんも触れましたが、四月になってアーノルド・ガンダーセンが指摘したように、三号機の使用済み核燃料プールで核暴走による即発臨界爆発が起こっていたなら、プルトニウムやウランが揮発してアメリカまで飛来していた、という話は事実だったことになる。それを裏付けるように、福島第一原発敷地内のコンクリート破片の瓦礫で九〇〇ミリシーベルト／時が検出されており、それを「週刊朝日」に暴露されて、東電が急いで公表しました。一般に許される放射線量は一ミリシーベルト／年です。したがって、九〇〇×二四×三六五、つまり平常の上限の七八八万倍の超高濃度の放射性物質が検出され、この瓦礫は四秒で一年間の被曝限度量に達する。アメリカまでプルトニウムが飛来していたなら、この危険物と同じものが福島県内の住民居住地域に降っていたという恐怖になる。この事実は、現在の住民被曝を考える時に、とても深刻です。

明石　この殺人レベルの放射線を放つ「コンクリート片」が何だったのかはいまだ曖昧にされたままです。いずれにせよ、ただの「瓦礫」ではない。爆発で破壊された三号機の使用済み核燃料プールの一部か、核燃料そのものが混じったものだったとしても何ら不思議ではありません。

広瀬　こんなものを民主党政権が、クリーンエネルギーと呼んできた。蓮舫《れんほう》と枝野は、随分と格好をつけて「事業仕分け」のパフォーマンスをやってきたけれど、あの二人は結局、原発の予算だけはほとんど丸ごと認めて通過させた責任者ですよ。あの時から、私は腹が立ってしょうがなかった。

原子力のどこがクリーンなのか。私は昔ずいぶんデータや写真などの資料を集めたけれど、チェルノブイリでは事故数年後から、人間の赤ちゃんも含めて奇形の牛や馬がいっぱい生まれています。一番こわいのは、染色体異常が起こることです。ソ連当局はそうした被害をひた隠しにしていたが、ソ連崩壊後に、ベラルーシの住民の染色体異常が明るみに出た。ガンといってもいろいろな種類があって、脳腫瘍、肝臓や腎臓や目の腫瘍、白血病の発症が増えています。オーストラリアの女医ヘレン・カルディコットが「ニューヨーク・タイムズ」で福島原発事故を解説して、このような放射線によってもたらされるほとんどの変化が「劣性」である危険性を指摘しています。メンデルの法則にいう劣性、つまり潜伏性です。したがって、男女の二つの劣性遺伝子が一人の障害児をつくる過程には、何世代も要するのです。そして遺伝子に起因する疾患は二六〇〇を数え、これらの病気が、放射能被曝による突然変異によって誘発されるのだと。

明石　それはこわいですね。原子力安全・保安院は「海産物を通して人が摂取するまでに、希釈されて相当薄まると考えられる」なんて相当に呑気なことを言っています。でも、原発による海洋汚染に詳しい東京海洋大学名誉教授の水口憲哉先生に電話で話を聞いたところ「地獄の釜の蓋が開いてしまった」と言っていました。ここから、食物連鎖による放射能の濃縮が始まるからです。

茨城沖で獲れたコウナゴから放射性ヨウ素が検出されたことを伝えた四月五日の「朝日新聞」朝刊で、水口先生は「心配な人は食べない方がいいだろう」とコメントをされていました。ところが、東京最終版までには別の御用学者のコメントに差し替えられていた。でも、その学者でさえ「魚は新鮮なものを食べることが多いので徹底した監視が必要だ」と、大変厳しい見方をしていました。言葉だけでなく「徹底した監視」が実行されなければ、何の意味もありませんけど。

広瀬　プルトニウムなどを大量に放流したイギリスのウィンズケール再処理工場（現・セラフィールド）では、三〇年たっても、魚介類の汚染がおさまらないのです。それに、放射能を取り込んだ魚は回遊するから、どこに泳いで行くか分らない。水俣《みなまた》病を取材した時に、「水俣でとれた魚は、地元では食べずに、高値で売れる関西方面に送った」と地元の漁民が教えてくれました。日本政府も東電も、沖合の放射能汚染を測定もせず、国民をだませばすむだろうという甘い考え方だから、世界中が日本の放射能垂れ流しに強い危機意識を抱いて、日本の信用がなくなってしまった。長い間にわたって築いてきた日本ブランドの信用は、取り返しがつかないところまできた。産業界や観光業界が立ち上がって原子力を拒否しないと、この信用は取り戻せないでしょう。

それにもう一つ言いたいのは、「半減期」という言葉に、日本人がだまされていることだ。ヨウ素131の半減期が八日とかセシウム134が二年とか、御用学者も保安院も、安全性を強調するために半減期が短いものだけ取り上げて、あたかも放射能が消えるかのように言う。あれほど素人だましの言い方はない。半減期とは、半分に減るだけであって、放射能は消えないのですよ。半減期が八日とかなり短いヨウ素131でさえ、危険度が小さいと言える一〇〇〇分の一になるまでには八〇日もかかる。約三ヶ月です。しかし今回のように最初の放出量がとてつもなく大きければ、この数字だってまったく意味はない。一〇〇〇倍の一〇〇〇分の一が、ようやく一だからね。大被害を出すセシウム137は半減期が三〇年だから、一〇〇〇分の一になるには三〇〇年かかる。注目すべきは、最初の放出量ですよ。

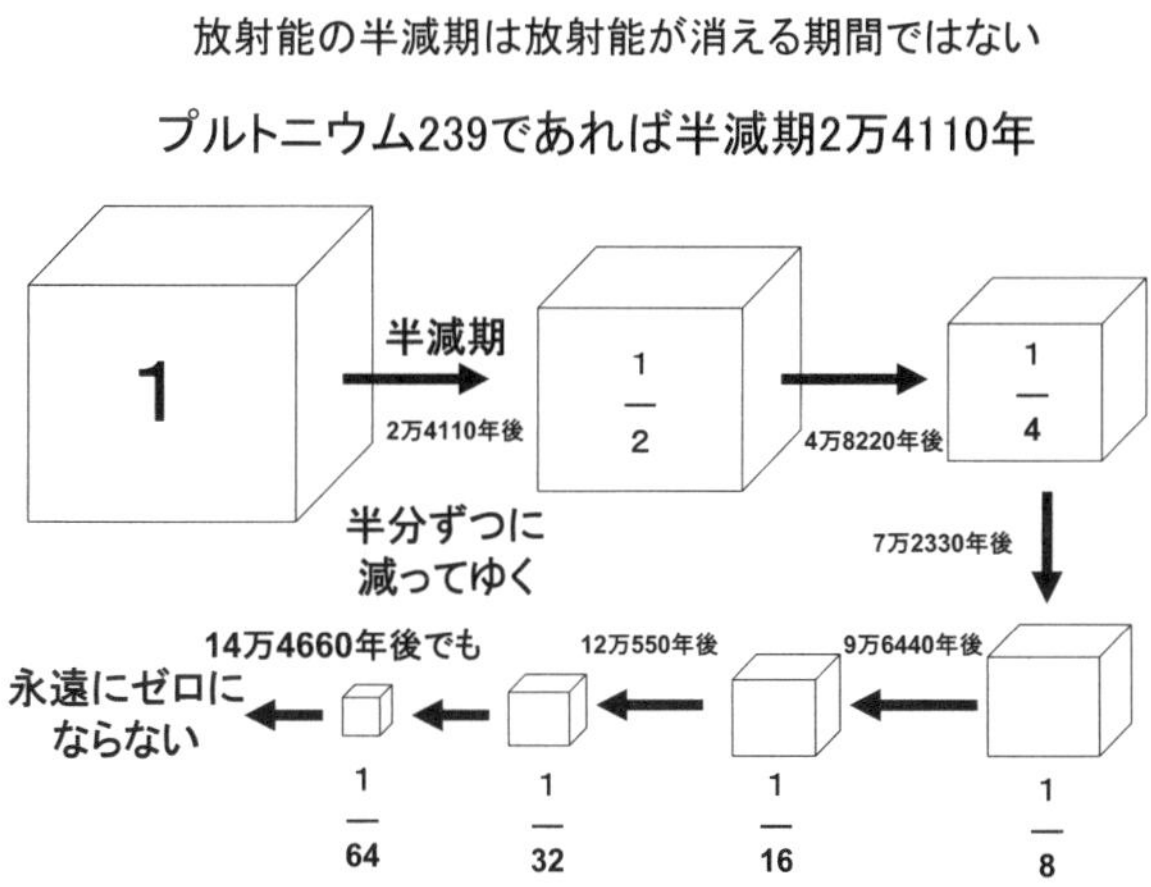
放射能の半減期は放射能が消える期間ではない
プルトニウム239であれば半減期2万4110年
1
半減期
2万4110年後
1/2
4万8220年後
1/4
半分ずつに
減ってゆく
7万2330年後
9万6440年後
1/8
12万550年後
1/16
1/32
14万4660年後でも
1/64
永遠にゼロに
ならない

上の図を見て計算していけば分るでしょう。いいですか、プルトニウム２３９の半減期は約二万四〇〇〇年ですが、半減を繰り返していくと一四万年後に六四分の一になる。しかし二分の一を何度掛け合わせたって永遠にゼロにはならない。だからこそ、一度大事故で汚染されると半永久的に住めなくなる土地になってしまうのです。

では半減期が短いものは安全かといえば、そうではないのです。その短い期間の間に大量のエネルギーを出すからです。プルトニウム２３９の半減期二万四〇〇〇年に対し、プルトニウム２３８の半減期は八七・七年と短いのですが、そのためプルトニウム２３８の放射能は、プルトニウム239のおよそ二七〇倍以上になる。むしろ半減期が短いほうが危険なのです。

だから、「ヨウ素は半減期が八日だから大丈夫」「体外に排出されます」なんて言っている学者がいることが、私には信じられない。放射能は消えるのではなく、「放射性壊変」といってほかの物質に変っていくのです。その過程で体内に傷を残せば、もうそれでガン細胞が生まれて、体内で静かに増殖し、さらに転移して体をむしばんでゆく。それがガンのこわさだということぐらい、誰でも知っているでしょう。半減期が短いから安全、長いから危険というのは間違いだということを、日本人は知っておく必要がある。

「原発震災」は今後も必ず起こる

広瀬　実を言うと私は、東日本大震災が起こった時、最初は福島より青森県六ヶ所村の再処理工場を心配していたのですよ。あそこは日本中の原発からすべての放射性廃棄物を集めてきた最大の危険プラントで、福島原発事故で分った最大の教訓は、絶対にこのように一ヶ所に危険物を集めてはいけない、ということです。六ヶ所村は今とても危険な状態にあるし、何より日本国内の原子力プラントで最低の耐震設計ですからね。六ヶ所村がやられたら放射能災害は福島どころの話じゃなくなる。ニュースに出てこないからますます心配になって、調べてもらったら、作業員全員が一時退避したらしいが、たぶん大丈夫だろうということしか分らない。

明石　六ヶ所再処理工場の耐震性は、あの「活断層過小評価」で名高い衣笠善博（東京工業大学名誉教授）のお墨付きですから、全然信用ならないです。衣笠の甘い活断層評価のおかげで、これまで日本にどれだけの原発が立地できたことか。原子力産業のヒーローとも呼べる人物です。

広瀬　いやまったくその通りで、衣笠の、権力を背景にした「犯罪」は重大です。彼のことは後の章でじっくり話しましょう。

衣笠が断層を短く評価してきたおかげで、六ヶ所再処理工場も大間《おおま》原発（青森県大間町。建設中）も東通《ひがしどおり》原発（青森県東通村）も、全国最低の耐震性になってしまった。国は今、原発施設の耐震性についてバックチェックという見直し作業をやっているけれど、青森の下北半島にあるその三施設の耐震基準は四五〇ガルで、今もって日本で最低です。なぜな

ら、六ヶ所村の基準に合わせざるをえないからです。六ヶ所村の耐震性では危ないという
ことで、その基準を上げたらみんな上がるのだけれど、基準を上げられない事情がある。
六ヶ所村で耐震強化工事ができないから、大間も東通も上げられない。

明石 なぜ六ヶ所再処理工場の耐震工事ができないのですか。

広瀬 放射能で汚染されているから近づけないのです。特にこわいのは配管ですよ。六ヶ所再処理工場には、青森から下関ぐらいまでの距離に匹敵する長さの配管が走っていて、その複雑な配管の中で世界最大級の汚染をやってしまった。プルトニウムを扱っていて超危険な状態だから、人間が近づけないのですよ。

六ヶ所再処理工場がまともに運転できないことは最初から分っていたのです。前身の東海再処理工場の時代からトラブルの連続でね。技術が未熟なのに六ヶ所村に持ってきて大型化したものだから、運転するとストップ、運転するとストップを繰り返してきた。それがついに、二〇〇八年一〇月二四日に、高レベルの廃液をガラス固化する溶融炉のノズルに白金族が詰まって流れないという末期的状態に陥った。その時、この運転会社の日本原燃がどうしたと思いますか。なんと、棒を突っ込んでノズルの穴を突っつくという狂気の

ような作業をしたのですよ。その結果、今度は突っ込んだ攪拌棒《かくはん》が抜けなくなってしまった。危険で近寄ることもできないので、しかたなくカメラで覗《のぞ》いてみると、棒がひん曲がって、さらには炉の耐熱材として使われているレンガがノズル部分に落ち込んでいることも判明した。こんなマンガのような能力で、デッドエンド。

その結果、固化することもできないまま、高レベルの放射性廃液が二四〇立方メートルもたまってしまった。この廃液は強い放射線を出して水を分解し、水素を発生させます。絶えず冷却して、完璧に管理をおこなわないと爆発する、きわめて危険な液体なのです。この廃液が一立方メートル漏れただけで、東北地方、北海道地方南部の住民が避難しなければならないほどの大惨事になる。私が原発の反対運動を始めた最大の動機は、一九七七年に、再処理工場の大事故について西ドイツの原子力産業が出した秘密報告書の内容に震え上がったからです。廃液のすべてが大気中に放出されれば、まず日本全土は終ると見ていいでしょう。こんな危険な場所で耐震工事をできるわけがない。

おまけに、六ヶ所再処理工場は今回のような津波の想定すらしていません。高台にあるから大丈夫だというが、海岸からたかだか五キロくらいのところにあるのですよ。あそこはなだらかな坂でしょう?

明石　ええ、再処理工場はそれなりの高台にありますが、ただ、海岸からなだらかな丘陵になっています。僕も六ヶ所村には取材で何度も行っていますから。

広瀬　東日本大震災の津波の高さは最大一七メートルと言われるけれど、津波は陸上をさかのぼる遡上《そじょう》の力がすごいからね。今回も遡上の高さの最高が四〇・五メートルに達したことが分っています。再処理工場に津波が来て電源が喪失したら、世界が終りですよ。

東日本大震災の本震から約一ヶ月後の四月七日に最大の余震が起こり、岩手、青森、山形、秋田の四県が全域停電になった時、六ヶ所再処理工場では外部電源が遮断され、非常用電源でかろうじて核燃料貯蔵プールや高レベル放射性廃液の冷却を続けることができたというのです。日本消滅の一歩手前まで行ったというのに、その後も、日本国民とマスメディアは平気で生活している。あそこには三〇〇〇トンの容量の巨大プールがあって、そこに使用済みの核燃料を受け入れているのですが、もうこのプールはアップアップで満杯なのです。地震で、もしこのプールに亀裂が入って地下に汚染水が漏れ出し、メルトダウンしたらどうするのか。今度は原発一〇〇基分だよ。それを考えるとぞっとします。

明石　福島の汚染水を、六ヶ所再処理工場に持っていくという話も出ていたらしいですね。

広瀬　あれはとんでもない話だ。青森県の住民にとっては言語道断ですよ。さらに、六ヶ所再処理工場と同じ最低の耐震性の大間原発で、プルトニウムとウランを混合したＭＯＸ燃料を全炉心で使う「フルＭＯＸ」をやろうというのだから、下北半島に対する住民の不安は、ますます大きくなっていると思います。ＭＯＸ燃料を使う場合、中性子を吸収して核分裂を止める制御棒の機能が低下することはもう分っているのです。今の青森は非常にこわい。

明石　青森県だけでなく、津軽海峡をはさんで対岸にある北海道の函館市だって大間原発から一八キロしか離れていないですよね。事故が起これば北海道も巻き込んだ甚大な被害になる。

広瀬　二〇一〇年の年末ですよ、青森市に行って「世界的に太平洋プレートが動いているから大地震が間近だ、危険が迫っている」と話したのは。でも、それを食い止める前に地震に襲われた。

明石　すでに多くの人たちにとっての共通認識になってきたようですが、中部電力の浜岡原発（静岡県御前崎市《おまえざき》）は超危険地帯に建っています。浜岡は、発生が予想される東海大地震の震源域のど真ん中にありますからね。

「原発震災」という言葉の生みの親であり、僕のやった浜岡原発の事故災害シミュレーションでも全面的にご協力いただいた地震学者の石橋克彦・神戸大学名誉教授も、東日本大震災の発生で日本列島全体の力のバランスが変ったことで、東海地震や東南海地震、南海地震の発生が早まる可能性があることを指摘されています。世論に押される形で、菅直人首相が中部電力に対して浜岡原発の全機停止を要請しましたけど、僕は福島県内での取材中にこのニュースに触れました。

広瀬　ひとまず第一歩を踏み出したので、これから具体的に追いつめて、全機を廃炉に持ち込みましょう。総理大臣は何も分っていないから、一五メートルの防潮堤を建設すれば大丈夫という考えらしい。しかし日本最大の津波の高さを知っていますか。江戸時代の一七七一（明和八）年に起こった八重山《やえやま》地震は、推定マグニチュード七・四の大地震だが、明和の大津波と呼ばれる津波が襲って、今の沖縄県石垣島での津波の最大波高は四〇メートル、最大遡上の高さが八〇メートルと言われます。八〇メートルだよ。石垣島に打ち上げられた津波石は高さ八メートルもあって、重さ七〇〇トンだとされています。こんな巨岩が襲ってきて、一五メートルの防潮堤で大丈夫な原子力プラントなんて、あるはずがない。この無駄な防潮堤の建設に取りかかると中部電力が大金を投じてしまうので、浜岡原発の延命策という向こうの土俵に乗ってしまう。早めに、それが無意味であることを広く日本国民に伝えなければならないと思っています。建設に要する二、三年のうちに夏場の電力が原発なしでも足りることは実証できるので、論理的には勝ちますが、みんなが「これで廃炉」と勘違いして油断すると、二、三年のうちに建設されてしまって、本当に危なくなるよ。だって、ウランの燃料棒があの場所にある限り、福島第一原発四号機と同じように、運転を停止していても、電源が失われれば使用済み核燃料が水素爆発を起こしてしまうからです。「防潮堤の建設計画、ちょっと待った」という論法を、ただちにくり出していかないといけません。

誰が見ても、浜岡が大地震に対して絶望的なことは明白です。今回の東日本大震災をもたらした太平洋プレート境界地震は、沖合一三〇キロメートルを震源として起こったけれど、あれと同じ規模かそれ以上の巨大地震が、浜岡原発の真下で起こるのです。これで大丈夫だと思う人がいることが、そもそも理解できない。しかも3・11以降、長野北部で震度六、次に一五日夜に東海地方で震度六強の地震があったでしょう。静岡県富士宮市でね。私はこの地震がこわかった。東北、長野、静岡と、活動が西に寄ってきている。3・11で太平洋プレートが動いたのだから、その上に乗っているフィリピン海プレートが動かないはずはない。そうなれば、フィリピン海プレートの上に乗っているユーラシアプレート上の浜岡原発は、一撃で終りです。それも、現在までの福島第一原発の放出放射能より、一桁上になるでしょう。何しろ、浜岡の場合は、原子炉が最初に破壊されてしまいますからね。放射能が全部、出てしまう。あとは東京も名古屋も大阪も、人間が住めなくなる。

浜岡原発は、二〇〇九年八月一一日の駿河《するが》湾地震（M六・五）で異常に大きな揺れを記録して、その地盤がいかに軟弱であるかと、地元を震撼《しんかん》させました。この場所は岩とはとても呼べない強度の低い軟岩でできていて、そんなことはどの地質学の教科書にも載っていることです。その事実を隠し、中部電力は「浜岡原発は強固な岩盤の上に建設されています」とウソをつき続けてきたのです。この軟岩の相良層《さがらそう》は、伊豆諸島や小笠原諸島から続くグリーンタフ地帯にあたるので、最近の三宅島の噴火と、二〇〇九年八月の八丈島から駿河湾の連続地震は、明らかにこの一帯が海底深いところで活発に動き始めている重大な警告です。私は特に駿河湾と若狭湾が危ないと見ていますが、今や日本中が危険な状態にあります。これからもっと大きな地震が来ますよ。

明石　僕が今回の原発震災発生直後に「週刊プレイボーイ」で書いた記事では、平安時代に起こった「貞観《じょうがん》の地震と津波」の話を中心に据えました。今回の大震災は、貞観地震を引き起こしたものと同じ海底活断層が動いたために起こったのではないかと推測されていますが、被害は貞観の地震と津波によるものに匹敵するか、それを上回るとも言われているからです。その際、地震学者や変動地形学者の応援を得て、いろいろ調べたのですけど、貞観の地震（八六九年）と前後して富士山が噴火（八六四年）しているのですよ。東海地震と東南海地震、南海地震が連動して発生した一七〇七年の「宝永地震」の際にも、直後に富士山が噴火しています。この符合は何を意味するのか。

広瀬　そう、だから一緒に起こるのですよ。地震と火山の噴火が密接に関わっていることは自明の理です。ところが、火山噴火予知連絡会の連中は、「地震と火山活動は切り離して考える」と言うわけ。そういう地球的な構造を考えないで学者がボソボソしゃべるから腹が立ってくるのでね。なんで私のような人間の直感がすべて当たるのだ。私は二〇〇四年のスマトラ島沖大地震でも予感が的中しましたよ。

フィリピン海で生まれる台風が史上最多になったので原因を調べたら、太平洋の海水温が異常に上がっていた。それで台風と共に新潟が洪水被害を受けた。私は、台風の原因は、フィリピン海プレートのところでマグマが出てきているからだと思った。だけど、誰もそれを調べていないので、大地震の発生を予感した。そうしたら、フィリピン海プレートの隣のオーストラリアプレートで、スマトラ島沖に巨大地震津波が起こったのです。

明石 学者ではないから、僕らの言うことはなかなか信じてもらえない。ちゃんと信頼できる学者に裏づけを取って書いているのですけどね。しかし、素人が考えても浜岡原発は危険だと思います。すぐ目の前が砂丘で、海まで七〇〜八〇メートルくらいしかないのですよ。津波が来たらひとたまりもないでしょう。

広瀬 しかしわれわれを素人だと呼ぶのはおかしいと思わないかい。地震予知連絡会が一度でも、日本人を助ける警告を地震発生前に出したことがあるか。一度もないじゃないか。人間には、もともと素人と玄人の肩書なんてない。しっかり考えて調べる人間を玄人と呼ぶのだから、われわれのほうが、玄人なのだよ。地震を研究している大学教授たちは、高い給料をもらって、高価な設備を使って研究しているのに、その成果はこれまで何もないじゃないか。NHKなんか、今回の東日本大震災のあとも、大学教授や研究者たちに取材して、津波のメカニズムが分ったとか、予想外だったとか番組をつくっているけれど、そこに出てくる地震や津波の研究者が、「次に予測される大地震で、どこどこの原子力発電所が危ない」と言ったことが一度でもあるか。あんな研究者たちは、世の中にいてもいなくてもいいのだよ。八ヶ岳で、地球の発する電磁波が地震の予知に有効だと考えて全国ネットワークをつくっている人たちがいるけれど、そのような、積極的に予知に取り組む人たちの研究にこそ国の予算をつけるべきだ。

東日本大震災が発生して、その後すぐ、中部電力が、浜岡原発の海側に津波対策として防波壁を設置すると発表した。福島第一原発では高さ一四〜一五メートルの津波が襲来したとされているので、一五メートルの高さを目安にするという。でも、この実態を地元の人が調べたら、砂丘は数メートルの砂山で、中部電力は、その砂の上に海岸の砂をブルドーザーでかきあげて一〇メートルの土塁にしただけ。外国から取材が来て、地元の人が砂丘に案内すると、こんなもので日本人が安心しているのかとたまげて「クレイジー」の連発だったそうです。すると今度は、その内側に民家の塀みたいなものを建てるという。この対策が、ジョークではなく、電力会社の真剣な対策だ。呆れてものも言えない。安政東海大地震では、六〇〇メートルも内陸まで津波が押し寄せたのですよ。今回も、仙台平野の名取市一帯で六〇〇〇メートルも奥深くまで陸地をなめつくした濁流を見て、日本人はふるえあがったじゃないか。中部電力は、電源を高いところに設置するとか、こざかしい対策を発表しているけれど、まるで分っていない。津波というのは、さらった自動車でも、船でも、岩でも、家屋でも、一緒に運んでくるのだから、高いところに電源を置いたって、その電源のケーブルがズタズタに切れて何の役にも立たなくなることぐらい、誰でも分るだろうに。津波に対しては、危険物を海岸線に建てないことのほかに対策はないのです。

明石　岩手県宮古市の田老《たろう》地区にあった津波防潮堤は全国最大規模で、「日本一の防潮堤」「万里の長城」と呼ばれていました。土地の人々もこの防潮堤があれば大丈夫と思っていた。それでも田老は破壊されましたものね。一〇メートルの津波には一平方メートルにつき二五トンもの力があるそうです。それを上回る規模の津波となれば、どんな堅固な建造物だろうと無事で済むわけがない。

広瀬　津波は水の固まりが次から次へと押し寄せるんだから、何メートルの高さだって乗り越えてくる現象だ。田老も原発の候補地だったところで、私は何度も反対運動の学習会に行きました。いいところで大好きだったから、なおさら悲しい。

明石　ナトリウム漏洩《ろうえい》火災事故が原因で一四年以上運転を停止していた日本原子力研究開発機構の高速増殖炉「もんじゅ」（福井県敦賀市）の直下には、二本の活断層が走っています。おまけに、運転を再開した二〇一〇年からトラブル続きで、さらに怖いことになっています。警報機の誤作動やら、手順書の不備による制御棒の操作ミスが相次ぎ、その年八月には原子炉容器内に炉内中継装置が落下して抜けなくなる事故が起こった。そして二〇一一年二月、その復旧作業を担当していた燃料環境課の男性課長が自殺している。耐震バックチェック以前の低レベルの次元で、「もんじゅ」は酷いことになっているようですね。

広瀬　「もんじゅ」の事故は、燃料交換に使う三トンもある装置が原子炉容器内に落下したのです。上蓋を外さないと、この落下した装置を取り出せないのですよ。しかし、上蓋を外すと液体ナトリウムが空気と激しく反応して燃え出すので、まずナトリウムを抜かなければならない。ところが、ナトリウムを抜く前に、炉心から燃料棒をすべて引き抜く必要があるというのに、燃料棒を炉外に出す装置が「落下した炉内中継装置」なんだ。したがって、これを壊して取り出すほかかない。危険な引き抜き作業をおこなったというが、トラブルなしで済むとは思えない。将来運転できる技術もないのにこんなモンスターをなぜ使おうとするのか。

アメリカは、高速増殖炉から撤退したのですよ。莫大な金を投じたけれどやめた。原発依存率八割のフランスでさえやめた。自分たちで見切りをつけた。これは駄目だということが、少なくとも外国では読める。そういう判断力がどこかで働かなければいけないのに、日本はどこまでも馬鹿どもがカネに群がって、最後に事故を起こす。

明石　こういう危険なものを扱う技術力がそもそも日本にあるのかということですね。

広瀬　ないです。金輪際ない。アメリカやイギリスやソ連、フランスが核兵器をつくろうとして始めた産業から日本が学んだ技術にすぎないのです。しかし、日本には核兵器をつくってはいけないという一応表向きの国是があるから、実は臨界という現象でさえ、日本の原子力産業にはよく分っていない。だから、プルトニウムを集めている六ヶ所再処理工場が私はものすごくこわい。日本に核兵器の技術がないということは、裏を返せば、臨界事故を起こす可能性がすごく高いということになる。一九九九年のＪＣＯ事故の時、日本人が最近になって臨界の研究をしているのを知ってゾッとしました。基本的な学問がないのですよ。したがって、事故が起こると、専門家が計算さえできない。それが、福島原発事故でテレビに出てきた自称〝専門家〟のコメンテーターたちの無能さで証明された。まともな事故解説さえできない。地上波テレビ局から招かれなかった田中三彦さんや、東芝の格納容器設計者だった後藤政志さんたちが、最も正確に事故の解析をして、危険性を教えてくれるのが、日本の実情だ。

明石　日本はロボット開発が盛んな国なのに、原発事故でまともに働くロボットは一台もなかった。人間が近づけないこんな非常時こそのロボットでしょう。東電は他で準備をしていたと言っていますが、実際に使えるものは何も出てこなかった。今、事故現場で活躍中のものはすべて外国製です。[*6] なぜか？　電力会社が必要ないとしてきたからなのです。[*7] つまり、日本の電力会社は、見たくない現実からどれだけ目をそらしてきたかということです。結局、被曝覚悟の決死隊に事故処理を頼んでいるのですからね。

＊6　東京電力は四月一九日、米国から供与されたアイロボット社製のロボット「パックボット」が撮影した映像を公開した。被災後初めて、原子炉建屋内からその内部を撮影した映像だった。

＊7　国の予算三〇億円で開発・製造された遠隔操作ロボットが、東京電力などが「活用場面はほとんどない」と判断したため、実用化されなかった。（五月一四日付「朝日新聞」夕刊）

広瀬　今度の事故処理で、日本人は、現場の決死隊の人たちがうまく放射能を閉じこめてくれるように祈っているだろうけれど、それだけじゃおかしいでしょう。「原子力の専門家」に疑問を持たなければだめだと私は言いたいのですよ。現場で事故処理をしている人も被害者なのです。とりわけ孫請け、ひ孫請けの業者から派遣されて、命と引き換えに入っている運転員や作業者ね。あの人たちがやってくれたことを美談にして終らせては絶対にダメですよ。

そもそもその前に、汚染されたカネで原発を推進してきた連中の犯罪があるのだから。誰がこんな大惨事を引き起こしたのか、それをしっかりと見極めなくてはいけない。

第二章　原発事故の責任者たちを糾弾する

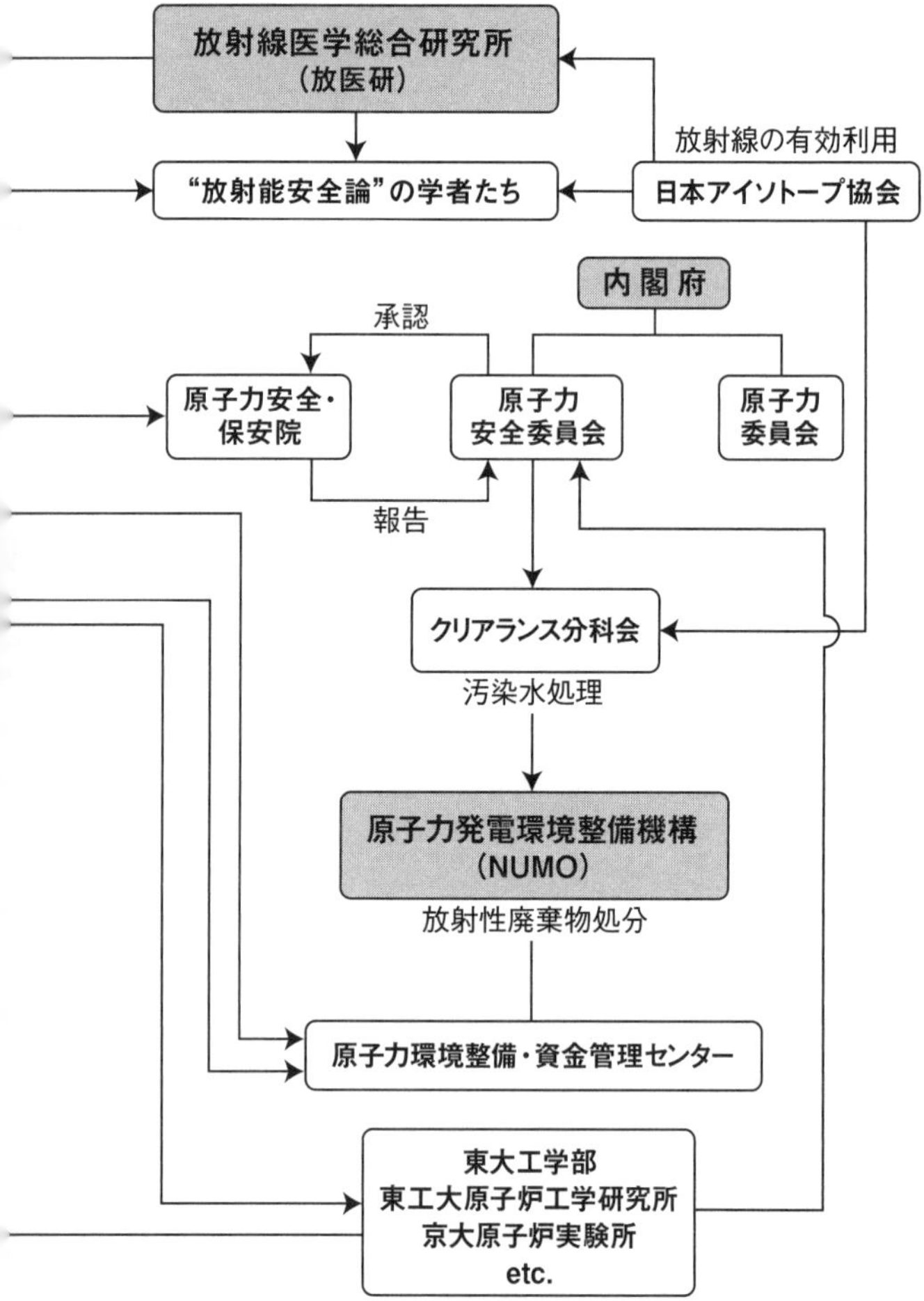
放射線医学総合研究所
（放医研）
“放射能安全論”の学者たち
放射線の有効利用
日本アイソトープ協会
内閣府
承認
原子力安全・
保安院
原子力
安全委員会
原子力
委員会
報告
クリアランス分科会
汚染水処理
原子力発電環境整備機構
（NUMO）
放射性廃棄物処分
原子力環境整備・資金管理センター
東大工学部
東工大原子炉工学研究所
京大原子炉実験所
etc.

【本章で言及する「原子力マフィア」相関図】

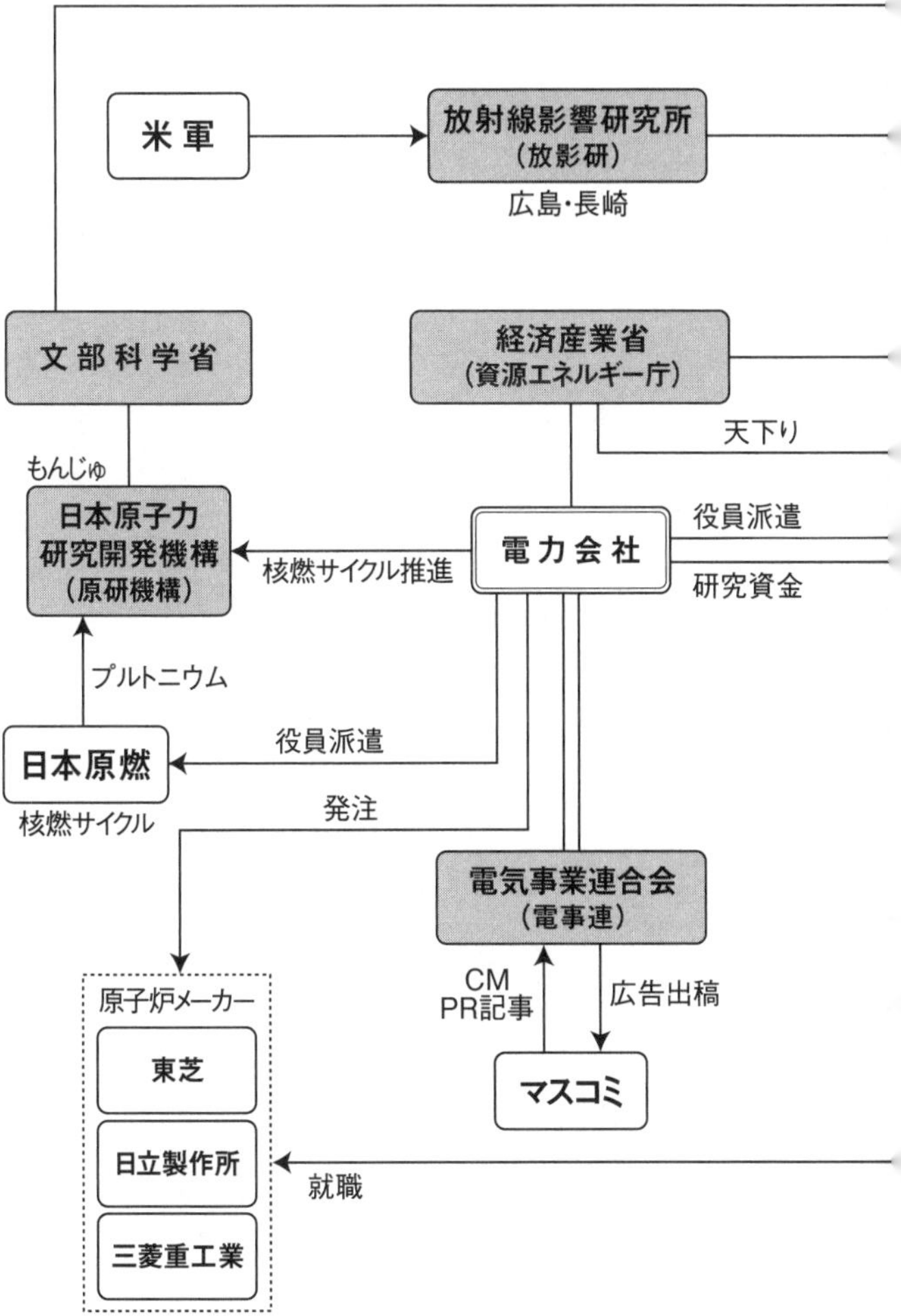
米軍
放射線影響研究所
（放影研）
広島・長崎
文部科学省
経済産業省
（資源エネルギー庁）
天下り
もんじゅ
日本原子力
研究開発機構
（原研機構）
役員派遣
電力会社
核燃サイクル推進
研究資金
プルトニウム
役員派遣
日本原燃
核燃サイクル
発注
電気事業連合会
（電事連）
CM
PR記事
広告出稿
原子炉メーカー
東芝
マスコミ
日立製作所
就職
三菱重工業

安全デマを振りまいた御用学者たち

明石　福島の原発が津波で全電源喪失してから、次々に起こる悪夢のような映像を人々はテレビにかじりついて固唾《かたず》を呑んで見てきたわけです。そこに、ふだん見慣れない原子力関係の人間が続々と登場し始めました。「原子力安全・保安院」、「原子力安全委員会」、「原子力委員会」、さらには連日のようにテレビに出て現状を解説する原子力工学の専門家と称する者たち。一般の人たちも、最初はいったいどうなるのだろうと、彼らの会見や解説に一生懸命耳を傾けていたと思います。

しかし、事態が深刻になるにつれて、「建屋に溜まった水素が爆発しただけで、原子炉はすでに停止しているから大丈夫です。冷静な対応を」、「燃料は冷やされているから大丈夫」といった、安全をことさら強調した解説は、彼らにとって都合のいい〝希望的観測〟にすぎなかったことが一般市民にも露呈してしまった。炉心の燃料が溶け出し、あんな高濃度の汚染水が海にジャブジャブ流れ出したら、誰だって「大丈夫であるわけがない。今までの説明はいったい何だったのか？」と不審に思いますよ。

事故直後から、ＮＨＫのニュースに出ずっぱりで「大丈夫」解説を繰り返していた関村直人（東京大学大学院工学系研究科教授）は、視聴者の不信を買ったのか、四月以降はすっかり姿を消してしまいました。

広瀬　関村は、東電から研究費を提供されてきた東京大学の原子力利権者、つまり福島第一原発事故の重大責任者だというのに、どうしてＮＨＫがこの男をニュース解説に使ったのか。おそらく、小出五郎という昔の原発担当の解説委員が今も生き残っていて、その引きで登場したのだと思う。というのは、ＮＨＫ－ＢＳで「日めくりタイムトラベル」という番組があって、二〇一〇年一一月二七日には「一九八六年」つまりチェルノブイリ事故の年の特集だったので、どのように放送するのだろうと思って見たのです。すると、小出五郎が出てきて、「あれはソ連政府が悪いから起こった原発事故だ」と、しゃあしゃあとしゃべっていた。まだこんな素人解説者がＮＨＫで原発の権威なのかと思うと、寒気がしました。その三ヶ月半後に、福島原発事故が起こったのです。ＮＨＫの視聴者は小出五郎に尋ねるべきだね。「なぜソ連ではなく、日本で原発事故が起こったのですか。解説してください」って。

関村のことをテレビ視聴者は知らないでしょうが、二〇〇七年七月一六日の新潟県中越沖地震で柏崎刈羽原発の内部がメチャクチャに崩壊した直後、二六日に経済産業省が総合資源エネルギー調査会に設置した「中越沖地震における原子力施設に関する調査・対策委員会」の委員に就任して、経済産業省つまり政府側ワーキンググループの座長として、絶対に動かしてはいけない原子炉の運転再開を主導してきた人物です。その委員会で関村は原子炉の危険性について何も解説できず、ただ他人の言葉をまとめただけ、という悪評が私のところにも聞こえています。加えて、総合資源エネルギー調査会の原子力安全・保安部会高経年化対策検討委員会の下に設置された「高経年化技術評価ワーキンググループ」でも主査をつとめました。高経年化とは、老朽化してボロボロになった原子炉をどうするかという深刻な問題のことです。

なぜ老朽化を議論しなければならないか。福島第一と同様に、運転中だった五四基の原子炉の中で最も古いものが、一九七〇年の大阪万博の開幕日に合わせて運転を開始した敦賀一号機ですが、四〇年を超えてガタガタになっています。そういう事実があるにもかかわらず、二〇一〇年八月に――つまり今度の東日本大震災の前年ですよ――翌二〇一一年三月二六日に運転四〇年の寿命を迎えようとしていた福島第一原発一号機について「最長六〇年の運転可能」という報告書を提出した、張本人が関村ですよ。ところがその福島第一原発一号機でメルトダウン事故が起こると、NHKテレビにコメンテーターとして出ずっぱりで「原子炉は冷やされている。冷静な対応を」などと見当違いの発言をくり返した。ほかにも関村は、経産省管轄の原子炉安全小委員会（通称・炉小委。原子力安全委員会委員長の班目春樹が、この炉小委の委員長も二〇一〇年六月まで兼任。委員メンバーは東大教授陣が多数を占める）の委員を務めるなど、原子力政策を率先して推進してきた人物だから原発に不利なことを言うわけがない。この炉小委が、公式資料として原子炉の安全設計について検討課題を出しているけれど、そのほとんどの条項に「耐震設計を除く」と書いてあるのですよ。耐震性を考慮しない案のどこが安全設計なのだ。

それにしても、関村の〝解析能力〟には呆れたね。三月一四日にMOX燃料を使用した三号機が水素爆発を起こし、建屋の鉄骨がグニャグニャになるほど破壊されたというのに、翌日のNHK「ニュースウォッチ9」では「炉心溶融はありえない」と言い、二七日には冷却水漏れの可能性を聞かれて「その可能性はきわめて低い」と言い、高濃度の汚染水が確認されたことを知ると「高濃度の汚染水は、ウェットベントで大気中に出た放射性物質が水に溶け込んだ可能性がある」と、デタラメばかりしゃべっていた。その直後ですよ。燃料棒の溶融と、それによる高濃度汚染水が判明したのは。

岡本孝司（東京大学大学院教授。東大工学部原子力工学科卒業）も頻繁にNHKに出ていましたが、「今回、原発は十分に働いた。というのは自動停止したからだ。それ以後の不具合は想定外の津波のせいだから仕方がない」と、よくまあ、あれだけ無責任なことを言ったものだ。岡本たちの楽観論は、結果、どうなったか。二ヶ月後の五月一二日になって「一号機の原子炉の水位計が正しい値を示していなかった」、つまり水がほとんどないと東電が発表して、日本中が大騒ぎしている。当たり前だ。私は前の章でも述べたように「計器類の数字はほとんど信用できない。いつでも次の末期的な大爆発は起こり得る」と言ってきたし、たった今もそう確信している。ところが、こういう岡本のような素人の大学教授が原子力工学の専門家だと称して、エンジニアであればすぐに気づく常識さえ持たずに、偉そうに解説している。自分の説明がことごとく間違っていたのに、よくテレビに出て恥ずかしくないものだ。

加えて東電は「原子炉の温度が低いから大丈夫」なんてことをまだしゃべっている。内部がメチャクチャなのだから温度計だって信用できないことは、素人でも分るはずだ。原子力の専門家は、原子炉の内部構造が何も分っていない。驚くべき低レベルだ。問題なのは、こういう技術面に無知な者が次から次へとテレビに出てしゃべるために、ほとんどの日本人が、もう事故は終ったと勘違いしていることだ。原子炉から大量に水が漏れ出ているのに、その行く先さえ東電には分らない。二ヶ月後になっても放射能汚染が陸と海にどんどん拡大している。きわめて深刻な事態が進行しているのが現実ですよ。そこにいる福島県民の命が、本当に危ない。一時帰宅している場合ではないよ。汚染にしても、神奈川県の一番西にある足柄で生茶葉の汚染が発見されて、回収された。農家のことを考えると、とてもつらくて見ていられない。その意味で、その危険性をひと言も発言しない岡本たちの責任はきわめて重い。

明石　事故収束のメドがまったくつかないばかりか、環境汚染も拡大する一方ですので、こうした「解説」がことごとくウソだったことが全国民の知るところとなったわけです。

広瀬　彼らのいい加減さは昔からのことで、カネや利権を互いにやり取りする〝業界〟の中で、のうのうとアグラをかいてきたからです。その安全過信と欲得が今回の人災を招いた。テレビに出て「安全だ」と会見や解説をしていた人間はみんな同罪ですよ。今回の事故でばらまいた流言蜚語《りゅうげんひご》はもちろんだが、過去にどれだけ悪質な発言をし、行動を取ってきたか、この章できっちり言質《げんち》を取って検証したい。

明石　広瀬さんは彼らのことを総称して「原子力マフィア」と呼んでいますが、言い得て妙ですね。安心だ、安全だと耳にここちよい言葉ばかりを乱発して、一般人を小バカにしてきた非科学的かつ無責任な言説をこのまま放置してはいけないと思います。彼らのせいで、今も事故現場ではたくさんの作業員が被曝し、避難が遅れた福島の人々が危険にさらされているわけですから。

しかし、僕も原発に関わる人脈をいろいろ取材してきましたが、原子力マフィアというのは恐ろしいほど裾野が広いうえに、利権をめぐってのヒエラルキーがきちっと構築されているのですね。今回の事故でもいろんな学者が跋扈《ばっこ》していますが、皆の知らないところで彼らはちゃんとつながっているのです。

原子力マフィアによる政官産学のシンジケート構造

広瀬　明石さんも私も反原発の立場で活動してきたけれど、その体験上言えることは、彼らは全部グルだということですよ。今回、原発は安全だ、放射能は大丈夫だと言ってきた人々はみんな裏でつながっている同じ穴のムジナです。

原子力マフィアというのは、要は、政・官に原子力関係の産・学が癒着した原発推進者ばかりの共同体、つまりシンジケートです。言ってみれば、独占企業の電力会社の潤沢なカネを回し合うことでつながっている運命共同体で、利権の巣窟《そうくつ》といっていい。安全なんて、まるで真剣に考えていない。原子力の研究分野では、東大工学部、東工大原子炉工学研究所、京大原子炉実験所の研究者たちが原子力推進の三大勢力で、やたらテレビに出て安全デマをふりまいていたのも、ほとんどここの御用学者たちだった。

電力会社はこうした大学の研究者たちに共同開発や寄付講座といった名目で、うす汚れたカネを配るわけです。その見返りとして研究者たちは、いかに原発が安全かと遠吠《とおぼ》えし、電力会社から毎日餌を与えられた飼い犬になってキャンペーンを張る。こういう譬《たと》えは犬に失礼なぐらいだ。原発を管理する経済産業省と文部科学省は、電力会社に原発の許認可を与える代りに、天下りのポストを用意させる。一九二〇年代にシカゴでアル・カポネに買収された警察官や裁判官とまったく同じ腐敗と堕落のきわみだ。経産省（旧・通産省）の資源エネルギー庁から、東電への天下りが常態化しているのが、その象徴だ[*1]。そして文部科学省は、昔の原子力の元締めだった科学技術庁を内部に取り込んだので、今や原子力推進省に化けている。だから文部科学大臣の高木義明が、福島県内の児童被曝という子供の未来を殺すようなことを平気で放置するようになったわけです。

さらに大学研究者ＯＢたちは、原子力委員会や原子力安全委員会など国の機関に入り込んで、官僚たちとグルになって原子力政策を推し進める。産業の筆頭は、発注者として君臨する電力会社だけれど、その電力会社にたかって、巨大な工事でもうけるゼネコンがいて、原子炉メーカーの御三家である東芝、日立製作所、三菱重工業がいて、その利権に関わるたくさんの大中小メーカーがくっついている。

重大なのは、こういう多重構造の根っこに核兵器開発が秘《ひそ》かに隠れているということです。三菱重工は、六ヶ所再処理工場の幹事会社として原爆材料になるプルトニウムの抽出を主導してきた。またそのプルトニウムをＭＯＸ燃料に加工して高速増殖炉「もんじゅ」

に装入し、そこから高純度の原爆用プルトニウムが生まれるから、三菱重工は「もんじゅ」建設のリーダーもつとめてきた。原爆開発に直結している軍需企業です。そして、原発を誘致する地元自治体では多額のカネが動く。現地で選挙になると、有権者の家には窓から一万円札が投げこまれる。反対する人の田んぼにはガラスがまかれる。それらを裏で電力会社が操ってきたとされる現地の実態を、日本人が知らない現状ほど、おそろしいことはない。

＊1　二〇一一年一月に、石田徹・前資源エネルギー庁長官が東電顧問に就任。しかし、原発事故後の四月一八日に「一身上の都合」で辞任を申し出た。

明石　東電を主体とした原子力マフィアの強固な地盤をつくったのは、東電の六代目社長だった平岩外四《ひらいわがいし》ですよね。それこそ原子力マフィアのボス的存在だったのでしょう？

広瀬　中曽根康弘、正力松太郎、田中角栄という名前は今の若い人には古くさいだろうから、その時代を飛ばすと、抜群の政治力を発揮したのが、おっしゃる通り平岩外四に間違いないね。平岩は一九八四年に東電社長を退任して会長として君臨し、一九九〇年に経団連会長になり、まさに政財界で暗躍するドンになる。それこそ産業界全体を牛耳っていた。あの頃は、それはすごかったですよ。だって私たち反対運動の相手は、電力会社どころではなく全産業だったからね。まるで鉄の壁にぶつかるような闘いでしたよ。東電の平岩と、関西電力社長の小林庄一郎が、六ヶ所再処理工場を建設した主導者です。小林は、「(六ヶ所村の) むつ小川原の荒涼たる風景は関西ではちょっと見られない。日本の国とは思えないくらいで、よく住みついて来られたと思いますね」なんて、まるでよくこんなひどいところに人間が住んでいる、という失礼なことを平気でしゃべったことがある。

今の経団連会長の米倉弘昌(住友化学会長)も原子力マフィアの古ダヌキらしいが、まるでダメだね。事故から五日後の三月一六日の記者会見で「日本の原子力の曲がり角か」と質問され、「そうは思わない。今回は千年に一度の津波だ。あれほど耐えているのは素晴らしい」としゃべって、爆発したガラクタ原子炉を讃美している。ここまで思考力のない人間が、財界のトップなんだ。原子力政策の見直しを訊《き》かれると、「ないと思う。自信を持つべきだと思う」とヌケヌケとしゃべる。こんな老人がまだ力を持っていることが、原子力シンジケートの末路を示している。

明石　あらゆる産業、学界を配下において、国へも利益供与しながら原発政策を進めてきたのですね。そういう背景から原子力マフィアは生まれたわけだ。

でも、今の官公庁の組織を見ると、原子力マフィアの相関関係がよく分りませんね。通産省から経産省、科学技術庁から文科省と名前が変ったことも、中身が分りにくくなった原因だと思いますけど。そもそも、どこがチェック機関で監督機関なのかさえ判然としない。

広瀬　官公庁には、原発の規制組織は一切ないですよ。根っこは推進派ばかりだからね。もともと独立していた科学技術庁が文部科学省に入ってから、私たちにとってはブラックボックスになってしまった。前の科学技術庁の時代には敵の姿がハッキリしていたのが、どこでどう動いているのか分らなくなってしまったのです。

さらにその再編時代の二〇〇五年に、原研（日本原子力研究所）と動燃（動力炉・核燃料開発事業団。のちに核燃料サイクル開発機構に改組）が一緒になって日本原子力研究開発機構（原研機構）に統合されたので、もうわけが分らない。要は、左翼と右翼がくっついたわけ。

原研は、どちらかといえば共産党系の原発推進派。動燃は、かつての通産省がそれに対抗して原爆開発部隊としてつくった組織だからね。それが高速増殖炉「もんじゅ」の総本山です。

明石　「もんじゅ」（高速増殖炉）と「RETF」（高速増殖炉に装荷される「ブランケット燃料」の再処理施設）のことをあわせて考えれば、目的はまさに核兵器開発以外に考えられないですね。

広瀬　ベルリンの壁が崩壊した後、「動燃を作ったのは核兵器のためだ」と元通産省官僚がしゃべっている言葉が週刊誌に書かれた。動燃が発足した翌年、一九六八年一一月二〇日付の外務省「外交政策企画委員会」での発言が、二〇一〇年に外交文書として開示されたけれど、露骨だったね。「（日米）安保条約は永久に続くわけではない。安保条約がなくなったら国民感情は変るかもしれない。その時に（核拡散防止条約から）脱退して核兵器を作れと国民がいえば作ったらいい（仙石敬軍縮室長）」、「高速増殖炉等の面で、すぐ核武装できるポジションを持ちながら平和利用を進めていくことになるが、これは異議のないところだろう（鈴木孝国際資料部長）」、「現在日本が持っている技術で爆弾一個作るには、半年〜一年半ぐらいあればいいと言われる。起爆装置もその気になれば半年〜一年ぐらいでできるのではないか（矢田部厚彦科学課長）」、「（一九）八五年までに日本は核兵器国となっている（矢田部課長の討議資料）」という具合だからね。この官僚たちが言ったことの意味は、核兵器をつくるには純度九三％のプルトニウムでいいのに、「もんじゅ」では九八％の高純度プルトニウムができるということだ。原爆用プルトニウムのほかには、高速増殖炉の目的がない。

明石　純度九八％と言えば、中性子爆弾に代表される「戦術核兵器」級ですね。六ヶ所再処理工場で取り出したプルトニウムに加え、「もんじゅ」と「ＲＥＴＦ」で生み出される中性子爆弾級のプルトニウムまで抱える……。日本が世界初の「電気料金を使って核武装した国」となるのも、そう遠くないかもしれません。

広瀬　保有するプルトニウム量から見れば、日本はすでに核兵器大国だ。核兵器を別にしても、今の文科省は中学生を相手に実におそろしいことをしている。文科省というのは、子供の教科書を検定する組織だというのに、この連中が中学生向けにつくった「チャレンジ！　原子力ワールド」という学校教材パンフレットを見たかい。この中で、原発は「五

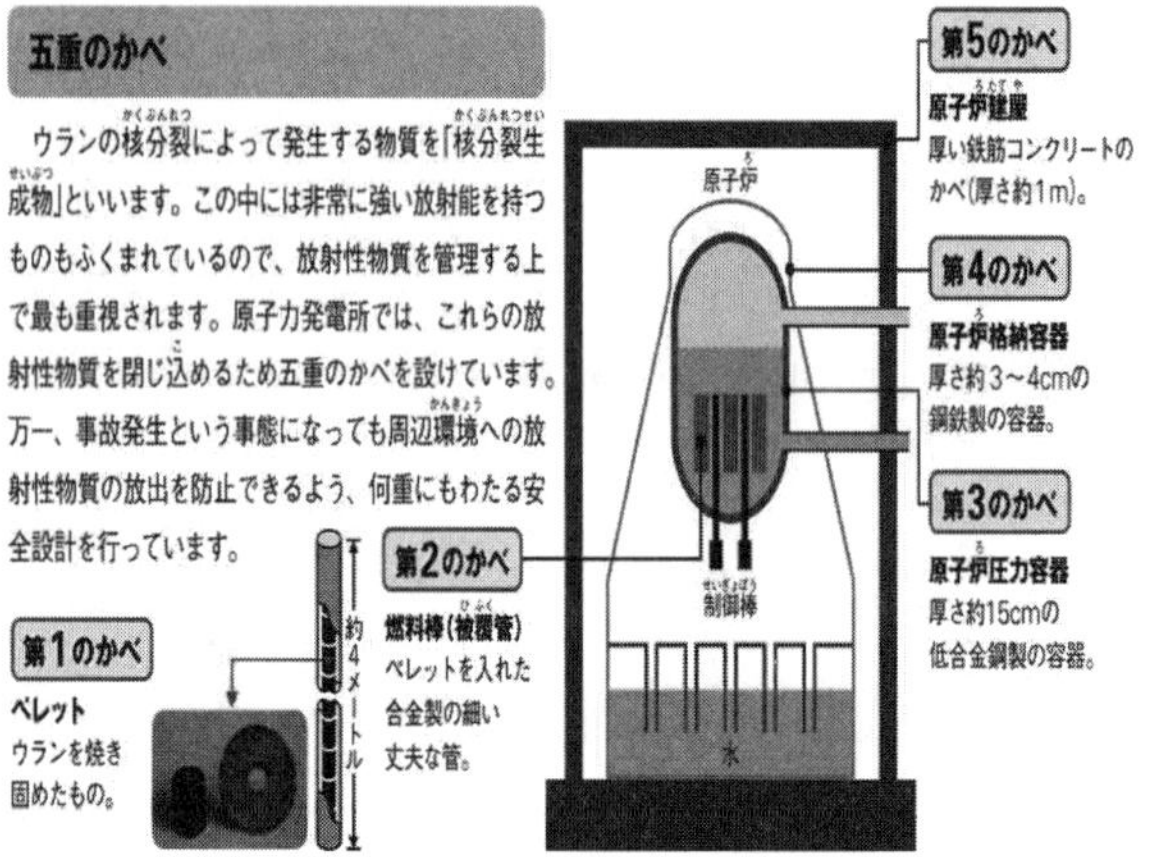
五重のかべ
ウランの核分裂《かくぶんれつ》によって発生する物質を「核分裂生《かくぶんれつせい》成物《せいぶつ》」といいます。この中には非常に強い放射能を持つものもふくまれているので、放射性物質を管理する上で最も重視されます。原子力発電所では、これらの放射性物質を閉じ込《こ》めるため五重のかべを設けています。万一、事故発生という事態になっても周辺環境《かんきょう》への放射性物質の放出を防止できるよう、何重にもわたる安全設計を行っています。
第1のかべ
ペレット
ウランを焼き固めたもの。
約4メートル
第2のかべ
燃料棒（被覆《ひふく》管）
ペレットを入れた合金製の細い丈夫な管。
原子炉《ろ》
制御棒《せいぎょぼう》
水
第5のかべ
原子炉《ろたてや》建屋
厚い鉄筋コンクリートのかべ（厚さ約1m）。
第4のかべ
原子炉《ろ》格納容器
厚さ約3～4cmの鋼鉄製の容器。
第3のかべ
原子炉《ろ》圧力容器
厚さ約15cmの低合金鋼製の容器。

「チャレンジ！　原子力ワールド　中学生のためのエネルギー副読本」より

重の壁に守られて安全です」と図解入りでPRしている。

明石　いやあ、この「五重の壁」はひどい。ペレットと燃料棒まで「壁」として数に入れている。実際、この「五重の壁」をスカスカ通り抜けて、放射能が自由に表に出てきたのだし。文科省も、もうこんなものを配布できませんね。

広瀬　原発の耐震性も、放射能の危険性についても、どの頁を開いても嘘っぱちだらけのパンフレットを中学生に配っている。チェルノブイリ原発事故については、「この事故により、三一人の死者が発生した」なんて、信じ難い数字を書いている。二〇〇九年にニューヨーク科学アカデミーから出版された報告書「チェルノブイリの惨事が人と環境に与えた結末（Chernobyl: Consequences of the Catastrophe for People and the Environment）」によれば、チェルノブイリの死者は一〇〇万人だとされているのですよ。さらにひどいのは、子供たちを守るべき現場の教師が文科省の手先となって、「放射能安全論」の先導役となっていることだ。中学生に放射能測定器（線量計）を持たせて、「室内でも放射線が飛んでいる。だから放射能なんてこわくない。安心した」というおそるべき授業をやっている。福島の事故があって汚染されている中でだよ。またそれをＮＨＫニュースが、嬉々《きき》として報道している。文科省はこんなにおそろしい集団だ。

エセ学者たちが気候変動に関する政府間パネル（ＩＰＣＣ）の権威を守る目的で『地球温暖化懐疑論批判』と題した冊子をつくって、正当な科学の揚げ足取りをやった時も、文部科学省の莫大な公金が使われていたから、今考えてみれば、「地球が二酸化炭素によって温暖化している」というエセ科学そのものが、日本では元科学技術庁系の原子力マフィアによって背後から操られてきたことは明白だね。二酸化炭素温暖化説を支持する論文に対しては、大学をはじめとする学校の研究費が莫大なものになる。これは科学ではない、デマゴギーだということを、日本人が早く見抜いてほしい。

原子力マフィアの実権を握る東大学閥

明石　原子力関係の研究者のほとんどが推進派で、核兵器に色気を持っている連中も多いわけですよね。元原子力安全委員会委員の武田邦彦（中部大学教授）によると、この世界の馴《な》れ合いの硬直化はすごいらしい。「推進に逆らうようなことはとても言えない独特の雰囲気がある」と、読売テレビ「たかじんのそこまで言って委員会」（二〇一一年三月一九日）で言っていました。

広瀬　そうでないと出世できないからね。原子力マフィアのエリートといわれるのは、東大大学院工学系研究科で原子力をやっていた人間だが、実際にはエリートでもなんでもない。大学に残って教授になるか、国の原子力研究機関に行くか、電力会社、あるいは原子炉メーカー御三家に行くかして、出世するだけ。この原子力マフィアの中でうまく横滑りして財界や官界・政界に行くこともある。東大、京大コネクションでのロビー活動がすごいからね。関村だけじゃなくて、原子力委員会委員長の近藤駿介、原子力安全委員会委員長の班目春樹、原子力政策を進めている経産省・資源エネルギー庁原子力部会長の田中知《さとる》、みんな東大大学院工学系研究科ＯＢですよ。いかに原子力マフィアが東大学閥に結集しているか分る。

東大をリーダーとする学界のボス的存在が、前東大総長の小宮山宏らしいね。今は三菱総合研究所理事長で、二〇〇九年から東電の監査役に就任し、内閣府の国家戦略室政策参与となっている。太陽光エネルギーを導入した自宅を「エコハウス」なんて呼んでいるが、実は地球温暖化脅威論をあちこちで煽《あお》りながら、「原発は環境保持のために必要」という論調で人々を取り込もうとしてきた。エコ、エコと叫んでCO_2狩りに熱中する時代の空気をいち早く読んで、これを「原子力ルネッサンス」の旗印にしたのが小宮山だよ。こういうふうに「エコ」という言葉を使う人間は、まったく信用ならない。

明石　小宮山宏は、四月一日付「朝日新聞」朝刊のオピニオンページ「3・11　科学技術は負けない」で、「原子力は、21世紀の半ばまでをまかなうエネルギーだと私は考えています。本来は太陽エネルギーなど自然エネルギーの方がいい」「最大限の安全策を講じ、自然エネルギーの実用化が実現するまでつないでいくしかない」と、読者を刺激しないようにやんわり肯定論を語る一方で「関係者の刑事責任を問わない、という免責制度を新たに導入してもいい」と、東電を露骨に擁護していました。エイプリル・フールの冗談にしても趣味が悪すぎます。

あまりにも腹が立ったので、「なるほど、原子力ムラの人間であっても刑事責任を問われるのは怖いのだな。ならば機先を制して刑事告発しないといけないな」と考え直すことにしました。

それにしても、彼の口から東電監査役としての謝罪の弁なんて一度も聞いたことがありません。あの当事者感覚のなさはすごい。

広瀬　本当かい。刑事責任を問われるべき当事者が、その発言はないじゃないか。

明石　それだけではありません。六月一一日付「朝日新聞」がスクープしていましたけど、菅首相の辞任表明後、小宮山が政策参与を務める国家戦略室が、福島事故の「調査・検証委員会」（事故調）を経産省の影響下に置くことを狙った「構想」を菅首相に提示していたというのです。その意図を菅首相に見破られ、構想はあえなく頓挫したみたいですが、さっそく経産省の巻き返しを兼ねた事故調の「骨抜き」策動が始まったわけです。そして、そうした策動に国家戦略室が関与していた。となれば、その国家戦略室の「政策参与」である小宮山がこの動きに無関係であるわけもない。

また、東大大学院工学系研究科には東電から一〇年間で五億円が流れ込んでいた、と「週刊現代」（四月一六日号）が報じていましたが、なにせ、前東大総長が東電の監査役なのだから驚くには当たらない。二〇一一年三月現在の「東京大学寄付講座・寄付研究部門設置調（部局別）」によると、東電は工学系研究科に対して重点的にカネ（寄付）をばらまいていますね。要するに、私たちが支払う電気料金で、この原子力マフィアの教授たちの研究費を賄っているってことですよ。呆れるほどズルい連中です。

広瀬　まったくその通り。われわれが払っている日本の電気料金は世界一高いからね。東京電力の取締役の平均報酬が約三七〇〇万円というのは、そのためだ。独占企業のやりたい放題でカネを取られて、政官の接待といかがわしい学者の原発研究費につぎ込まれちゃ国民はたまらないはずなのに、その国民が怒らないのはどういうわけかね。

ただ、京大原子炉実験所には、数少ないけれど良心的な学者がいます。小林圭二さん、小出裕章さん、今中哲二さんたちは、原子力シンジケートから外れて原発の危険性をずっと指摘してきた。マフィアのシンジケートに切り込むエリオット・ネス並みのアンタッチャブルだ。スリーマイル島原発事故の直後、私が反原発の理論を最初に学んだのは、反骨精神旺盛なこの「京大グループ」が書いた難しい本でした。おかげでこの人たちはずっと迫害されて冷や飯を食わされてきました。定年近くになっても肩書きは助教や講師のままだし、研究を続けたくても小出さんたちには研究費もつかない。文科省に申請しても、ほかの原子力マフィアの教授たちには潤沢な研究費が下りるのに、彼らだと審査がまったく通らない。大学内でもあからさまにアカデミック・ハラスメントをされるというから、すさまじい世界だ。京大グループも、慶應義塾大学の藤田祐幸も、サイエンスライターの田中三彦も、ルポライターの明石昇二郎も、百円ライターの広瀬隆も、おかげで人生を棒に振ってきたけれど、少なくとも魂は売らなかったから、その点だけは後悔してないね、みんな。

よく札束で頬を叩《たた》かれた学者たちが世の中をこんなにひどくした、っていうけれど、一度でいいから札束で頬を叩かれてみたいものだね。私たちは叩かれない!

明石　小出先生には、僕も取材でずいぶんお世話になりました。しかし、今回の原発震災が起こったとたん、マスコミは掌《てのひら》を返したように、冷や飯を食いながら原発の危険性を指摘し続けてきた小林先生や小出先生、今中先生たちを取材している。何を今さら、と思います。これまでは彼らの仕事や研究に見向きもしなかったくせに。

福島原発事故後、まるで「コメンテーター」か「便利屋」のようにマスコミから扱われ、夜中だろうと自宅にまで電話がかかってくるので寝る間もないという小出先生を先日、京大原子炉実験所に訪ねたのですが、その際もマスコミから電話攻めにあっていました。「こんな調子なんです」と苦笑いされていました。

小出先生は、日本では数少ない原発事故研究の専門家です。日本はこういう事態に至ってもなお、彼ら本物の「事故研究者」を事故の収束作業に関わらせようとしない。本当の情報が国民に漏れるのがこわいのでしょうね。僕は小出先生に、不勉強なマスコミ記者の相手なんかしているより、事故収束作業そのものに関わるべきではないかと訊《たず》ねたのですが、「僕もそうしたいのです。そのためにはまず、東電や保安院が加工した情報ではなく、生の情報やデータが必要です。だけど彼らは決して生の情報を出そうとしない」と憤っていました。

広瀬　日本政府は、今からでも小林先生や小出先生、田中三彦さんたちを官邸に招聘《しょうへい》し、いち早い事故収束のために有能な人の才能を活用すべきです。ところで明石さんも、原発の危険を記事で訴えて、東電や原子力マフィアの学者から圧力をかけられたことが何度もあるでしょ。

放射能は「お百姓の泥と同じ」

明石　ええ、二〇〇一年三月四日号から四回にわたって「サンデー毎日」で連載した「シミュレーション・ノンフィクション原発震災」に対しても、原子力推進派から感情的で稚拙な批判を浴びせられました。

その中でも、特にレベルが低くて呆れさせられたのが、二〇〇一年五月一八日の「電気新聞」に掲載された石川迪夫《みちお》（当時・原子力発電技術機構特別顧問。現・日本原子力技術協会最高顧問）による「PAは楽しく、庶民の目で」と、「原子力学会誌」二〇〇一年六月号に掲載された更田《ふけた》豊次郎による「誤情報過剰の対策」です。

石川の批判記事によれば、明石の連載は「科学的根拠の薄弱な記事」であり、「週刊誌によくある無責任な誇大妄想記事」で「インチキ」らしく、「世界が培ってきた安全研究の成果は、叙述的な作り話の存在を許さぬまでに整っている」のだそうです。彼の話は科学者の弁と言うより、まるで精神論なのですね。

でも、フクシマ原発震災が発生した今、何が起こっているのでしょうか。あの時僕が書いた「作り話」は、時々刻々と、そして次々と現実の話へと変ってきているのです。いたずらに事故を拡大させてばかりいる原因は、石川に代表される、とても科学者などと呼べない「原発安全神話」信奉者たちが、過酷事故に対して何の備えもしてこなかったからなのです。石川が揶揄した「科学的根拠の薄弱な記事」に、石川自身が無様なまでに敗北を喫したわけですね。恥を知れ、と言っておきましょう。こうした事故が起こってしまえば、石川のような御用学者など何の役にも立たない。実際、彼など何の役にも立っていないではないですか。悔しければ、自慢の「世界が培ってきた安全研究の成果」とやらで、明日にでも福島事故を収束させてみせるがいい。

「原発震災」の事故災害シミュレーションは、京大原子炉実験所の助手だった瀬尾健（故人）先生がつくった「原発事故災害予想プログラム」を使い、小出先生や神戸大の石橋克彦先生に協力していただき書き上げたもので、単なる「作り話」ではないのです。浜岡原発の近くでマグニチュード八クラスの大地震と津波が発生し、炉心の冷却に失敗したことで核燃料の約半分が溶融落下（メルトダウン）して水蒸気爆発を起こし、大量の放射能が格納容器を突き破って環境中に放出される――。そういう設定でのシミュレーションでしたが、福島ではまだ水蒸気爆発こそ起こってはいないものの、まさにこのシミュレーション結果に近いことが「現実の話」になっています。

広瀬　いや、今回の事故を予測する正確なシミュレーションでした。つまり、小出さん、明石さんが指摘していたことが、目の前の現実になったわけです。

明石　一方の更田は、この連載記事が「誤情報」だとして、「発生確率が極めて小さい事故の被害を極めて過大に推測し意図的に国民の不安を煽動《せんどう》するもの」と一方的に決め付けてくれました。しかし、どれだけ勇ましく豪語しようと、彼がそう判断した肝心の科学的根拠を示すことができないのです。これでは、大人の読者を説得することはできません。

御用学者の彼らに共通しているのは、勇ましい言葉を語りながら誹謗《ひぼう》してくるわりに、僕の書いた記事に対して何一つ誤りを指摘できないことです。「科学者」を名乗るくせに、論理的な反論ができない。情ないことに更田は、自分一人では勝てないと思ったのか、記事への抗議を原子力安全委員会に要求している始末なのですね。実を言うとそうなることは、問題を提起した僕としても大歓迎だったのですが、残念なことに安全委は抗議してきませんでした。あの時安全委と論争にまで発展していれば、福島でここまでひどい事態にはなっていなかったかもしれない。

本来であれば、僕のやった事故災害シミュレーションなど、原発を安全に運用する義務のある原発推進派の皆さんが「万が一の時のための備え」として、自らやっておかなければならなかったことなのです。僕の記事を中傷しておきながら、いざ事故が起こったとたんに「想定外でした」と責任逃れを図ろうとしても、言い訳になるものでしょうか。ルポライターに過ぎない僕でさえ、事故とそれに伴う災害の規模を「想定」できていたのですから。

広瀬　石川迪夫は、以前から、原発の安全対策について人を小ばかにしたような発言を繰り返しているけれど、言うことはほとんど外れている。

青森県六ヶ所村で再処理工場の試運転が始まった二〇〇六年、早々に機器のトラブルなどがあって、分析作業員がプルトニウムを吸い込むという事件が起こった時、石川迪夫が、業界紙「エネルギーレビュー」二〇〇七年二月号にこう書いている。

放射能が存在する以上、管理区域で働く人は、放射線を浴びたり汚染される可能性を持つ。この被曝や汚染の可能性を極力少なくするのが原子力安全の要諦だが、機械は故障し人はミスを犯すもの。管理区域で働く以上、少量の汚染や被曝は避けられない。それを例えれば、お百姓をすれば泥が付くのと同じと。

呆れた人間だ。プルトニウムを吸い込んだ事件を「お百姓をすれば泥が付くのと同じ」と言い切るとは。泥とプルトニウムの違いも分らないのか。さすがにマスコミもその発言を批判したけれど、それに対して石川は「一犬吠えれば万犬騒ぐ」と開き直り、「泥が食べ物を作るようにプルトニウムは電気を作る、いずれもエネルギーを作る大切なもの」と書き連ねている。騒ぐマスコミも青森県民も犬扱いだ。お前こそ、原子力マフィアに飼われた役立たずの番犬ではないか。

こうして相手をねじ伏せたことに、石川自身はいたくご満悦だったらしく、「戦場に赴く覚悟と勇気で、真実を述べ続けるしかない」と一文を締めくくっている。とてつもない神経だね。あの顔を見るだけで悪酔いした気分になる。

明石　避難生活を強いられている福島県民や、そして原発で事故収束作業に当たっている人に向かって、「プルトニウムは泥と同じだから仕方ないし、体についても大丈夫だ」と、今こそ「覚悟と勇気」をもって語り続けてほしいものです。それもテレビや新聞を通じてではなく、フクシマ現地で。

今回、さすがに石川迪夫もほかの学者に混じって謝罪しているようですが、事故後、三月一八日の「電気新聞」でこんな楽観的なことを言っています。「福島事故をチェルノブイリの再来と宣伝する人がいる。その論点が分からないが、放射線災害に関する限り、福島の事故があの世界的な汚染に発展する可能性はない」「冷却水の温度が低いから、希ガスやヨウ素など沸点の低い放射能だけしか大気中に出てこない。チェルノブイリとは似ても似つかぬ類の事故である」と。堂々と事故を過小評価し、「インチキ」を語るのは今も昔もちっとも変っていません。

広瀬　新潟県中越沖地震で柏崎刈羽原発が大破して、変圧器が炎上するという大事故が起こった時も、「止める・冷やす・閉じ込めるという原子炉の安全性を保つことに成功した」と、石川は素人だましの言葉をしゃべりまくっていた。もっと遡《さかのぼ》れば、「スリーマイル島原発では炉心溶融が起こらなかった」と、かつて私も出演したテレビ朝日の「朝まで生テレビ」（一九八八年七月二九日）で大嘘発言していたからね。そんなデタラメを言ってきた人物をなぜ報道関係者が無批判に取材するのか、さっぱり分からない。

明石　原発推進業界内にテレビ受けしそうな〝役者〟が少ないからなのでしょうね。事故直後に石川は、やはりテレビ朝日の「報道ステーション」（三月一八日）に出演して福島原発の状況を彼なりに〝解説〟していたのですが、深刻な事態を「おもしろいことに」と語って、やんわり古舘伊知郎にたしなめられていましたよ。この時も「もし炉心溶融が起こって、それが溶け落ち圧力容器の底を溶かして格納容器の底に落ちても、格納容器の下にあるコンクリートと融合し融点が下がるのでそこで止まります」と、エラそうに語っていました。断言しますが、絶対にそうなるという保証など、どこにもありませんし、それを実証する実験結果もありません。正直言って、原子炉の底が抜けてもそうだったらいいな、とは思いますが、これまでの彼の〝実績〟からも分るように、彼の〝想像〟や〝精神論〟や〝希望的観測〟を真に受けていると、とんでもないことになります。彼の読みとはまったく反対に、圧力容器と格納容器を破って抜け落ちた溶融燃料がコンクリートに触れた時に爆発的な反応が起こるのを恐れている「原発推進派」の方もいるくらいなのです。

ハッキリ言って、この期に及んで、「インチキ」な石川の話に耳を傾けること自体が時間の無駄です。彼と論争し、打ち負かせば事故が収束するというなら、喜んで論争もしますけど、そんなこともありませんし。とはいえ、石川氏は見ず知らずの人でもありませんので、いずれ暇を見つけて直撃取材し、「これ以上、晩節を汚しなさんな」と、業界からの引退勧告をするつもりです。

報道番組を牛耳る電事連

明石　今は影を潜めていますが、電事連（電気事業連合会）はこれまで、さまざまな文化人を使って「原発安全」キャンペーンをやってきました。「週刊金曜日」（四月一五日号）では、佐高信さんが名前を列挙してカミついていました。

広瀬　あれは痛快な記事だったね。佐高さんが指摘したように、何の問題意識もなく電力会社の手先になってきた文化人の罪は重い。ただ、原子力の旗振り役だった大前研一は事故直後、週刊誌の連載などで、今回の福島事故の本質を正確に読み解いて、原子力に未来がないことを論証していた。技術的にも群を抜いてすぐれた見識だった。彼は、柏崎刈羽原発が損傷した事故のあと、はっきりと原発を見直すスタンスに切り替っていたらしく、「東京電力も国も、原発関係者がいかに無能かということを思い知った」と言っていた。ところが、今はまた「原子力の技術を放棄してはならない。より安全な原発に貢献したい」などと言い出して、元の推進論者に戻ってしまった。駄目人間だね。

明石　東電をリーダーとして電力会社一〇社で構成される電事連という組織は、じつに巧妙です。電力会社のあからさまな原発推進を目立たせないように、文化人を使って、原発がいかに安全でクリーンなエネルギーかという世論形成をしてきたのですから。

広瀬　電事連からは私も名誉の攻撃を受けたよ。チェルノブイリ事故の後、一九八七年に、放射能の危険を訴えた『危険な話』（八月書館）という本を書いた。すると電事連が、私の本には誤りがあるとするパンフレットを経産省所管の日本原子力文化振興財団につくらせて、徹底的に私を攻撃したよ。滑稽だね。あの本は、新潮文庫にする時に小出裕章さんに校閲してもらって、まったく直すところなしと言ってもらったのに。

民放でも同じような体験があります。民放は誰もが知る通り、スポンサーの意向が第一だからね。

一九八八年頃、読売テレビ制作の「11PM」という番組で、当時は藤本義一さんが大阪のキャスターをやっていた時ですが、出演してくれと言われたのです。私は「生番組で長時間話せないのなら出ません」と言ったら、「全部話していい」と言われました。実際、番組では私がほぼ一時間フルにしゃべったのですけど、途中のコマーシャル休憩で藤本さんと控え室にいたら、突然、営業部が入ってきて「こんな内容では困る」とワーッと藤本さんに文句を言った。関西電力から営業に抗議が入ったのですよ。しかし、その時の藤本さんが立派だった。「本当のことを言って何が悪い」と怒鳴りつけて営業部を帰し、引き続き原発の危険を話すことができました。

メディアで反原発を主張すると、私ではなくメディアのほうに圧力をかけてくるのが、彼らのやり口なのです。それを藤本さんは一喝してくれた。あの時は、藤本義一という人はたいしたものだと思いました。それがジャーナリストだと思うのですよ。

今回はNHKでも、まともな記者が一人も出ていないでしょう。科学文化部の山崎淑行記者は、高速増殖炉「もんじゅ」の運転再開の時に「世界が注目している」などと解説してきた素人だし、水野倫之解説委員は、東海村JCO臨界事故の時に中性子線が放出されている危険性を警告しなかった人物です。

明石　ただ、さすがに水野解説委員も今回は「国の危機」を感じ取ったのか、「東電は情報を隠さずに出すべきだ」とニュース番組で発言していましたよ。そのせいなのかどうか分からないけれど、しばらく画面から消えていた時期がありました。じきに再び解説者として復帰していましたが。

広瀬　しかし彼らは、事故直後に関村のような学者を毎回登場させて、お説ごもっとも、とやっていたじゃないですか。私は信用ならないね。みんな、よく選んだものだと思うぐらい全員が原発の推進者、つまり利権者であってね、だから、ニュースでもワイドショーでも、出てくるのは東電御用達《ごようたし》の学者ばかりだった。藤田祐幸さんは長崎に移住しているけれど、事故発生当夜にフジテレビでコメントし、「これから東京に行ってテレビ局から解説します」と私に伝えてきていたのに、直後に「私の座る席を推進派の奴にとられてしまった」と嘆いていました。

私もいろいろな人から「なぜテレビで発言しないのか」と言われたけれど、私はテレビ業界で〝上映禁止物体〟と呼ばれているらしいから、出るはずがない。一度だけ、菅首相が浜岡原発の全機停止を求めた記者会見をした夜（五月六日）、テレビ東京の「ワールドビジネスサテライト」から電話があって、解説してくれというから「停止は当然だし、歓迎するが、それでは問題解決にならない。福島第一原発四号機の爆発が証明した通り、運転を停止しても、燃料棒をどこかに運び出さなければ浜岡の危険性は去らない」ことを説明した。そして、「浜岡原発をすべて廃炉にしても、中部電力の発電能力は、昨年夏の猛暑でも一五％の余力があった実績」を、正確な数字のグラフを送って教えてあげた。ところがその夜、私が言ったのと正反対の内容で、中部電力の電力不足を煽る放送がおこなわれたのだよ。取材記者はまじめそうな声だったから、おそらくデスクがボツにしてしまったのでしょう。それほど、テレビ局内部の状況はひどい。これでも報道機関かと思うと、この国に生きていることがいたたまれなくなる。

明石　東電は、民放の主要なニュース番組の時間帯をスポンサーとして押さえています。したがって、東電批判はもちろん、原発批判はタブーなのですよ。東電の広告宣伝費は年間で約三〇〇億円と言われていて、そのほかに、ほぼ同額の「拡販費」というのがあると聞きます[*2]。これらのカネが、安全・安心のクリーンキャンペーンやら、政財界、マスコミ記者や幹部の接待、原子力分野のロビー活動に使われ放題なのですね。

興味深いのは、阪神淡路の震災とか、柏崎刈羽原発の事故とか、電力会社にとって不都合な事件や事故が起こると、その直後から、「安全です」というクリーンキャンペーンが集中的におこなわれる。大量の宣伝費を一気に注ぎ込むのでしょう。それが結構あからさまなのですよ。まあ、さすがに福島の事故ではそれは無理でしょうが、あのわざとらしい「お詫《わ》び広告」を見るたびに腹が立ちます。あの広告にも何億もかけているのだから。言うまでもなく、東電の宣伝費はわれわれの電気料金から出ているのですよ。

＊2　恩田勝亘『東京電力・帝国の暗黒』（七つ森書館）

広瀬　あの「お詫び広告」でも、「東日本大震災のためにご迷惑をおかけした」とだけ言って、しばらくは「福島原発事故のため」のひと言を一度も出さなかった。何という奴らだ。テレビ局に支払う大金があったら、被害者の救済にどれほど役立つかと思うと、私もテレビに向かって怒り狂っていた。それほど無神経な、人間の血が通っていない企業が東京電力だ。

保安院はなぜ「不安院」なのか

明石　原子力マフィアといえば、原発を推進する経産省の管轄下に、規制する役割の原子力安全・保安院があるのは、誰が見ても釈然としません。

もっとも、今回の事故での西山英彦審議官の、あの危機感ゼロの会見を見ていれば、とても原発のチェック機関のようには見えませんけれどね。事故直後は、中村幸一郎という技術系の審議官が会見担当で、「燃料の炉心溶融が始まっていると見ている」と、あとで考えれば核心を突いたことを言っていたのに、いきなり西山に交代させられた。大変わかりやすい「情報統制」の一例です。西山は原子力畑の人間でもなんでもなく、事故直前までＴＰＰ（環太平洋経済連携協定）を担当していた。これまた「週刊現代」四月一六日号が暴いていましたが、以前、パロマ湯沸かし器の事故処理を任されたことがあって、省内きっての「トラブルシューター」と言われているとか。

広瀬　あのタイプはどんなに批判されても、まったくこたえない。だから処理係を任せられたのでしょう。しかし今度の事故が起こるまで、保安院が規制機関だということは、恥ずかしいけれど私は知らなかったよ。だって、一〇〇パーセント危険なものがあっても、すべてゴーサインを出していたからね。アメリカの原子力規制委員会（ＮＲＣ）は、原子力産業から独立した人材を揃えて報告書を出すし、厳しい警告をするから規制機関だけれど、日本の保安院を規制機関と呼ぶほうがおかしいのではないか。子供たちが、上から読んでも下から読んでも「ホアンインゼンインアホ」とからかっているけれど、うまいことを言うね。

明石　大事故の会見を任されているというのに「特に聞いてません」「ハッキリとは分りません」「資料がありません」「確認します」と、西山がシレッとした顔で連発していたのには呆れました。

広瀬　私はずっと「不安院」と呼んでいるのですよ。しかし、会見では自分は伝達役だということを強調している西山は、「ウォールストリート・ジャーナル」日本版（三月二四日）のインタビュー記事では、かなり雄弁にこんなことをしゃべっている。

これから先、福島（第一原発）を動かす時期がもう一回、仮に来るとすれば、そのときのために、住民の方に分っていただけなければいけないこともあるだろう。きっと、反対もあるだろう。それから、全国の原発のある地域でも、危険視する動きが出てくると思う。しかし、そうは言っても、電気のない生活も考えられない時代になっている。やはり現実的にいかにこういう非常事態にも対応できるものを作っていくかということでいくしかないと思う。ただ、感情的な面も含む一般の国民の反発があるため、原子力政策がそれに対し、どううまく答えを出せるか、非常に重要な場面に来ていると思う。

福島第一があんなひどい事故を起こしているにもかかわらず、あのぶっ壊れた原発をもう一度動かす時期が来るとか、原発による電気の必要性とか言っているのだよ。エネルギー問題について何も知らないくせに、原発震災の渦中にいる福島の人々をどこまで愚弄《ぐろう》しているのか。こうした文言を見れば、原発推進の経産省官僚としか思えないでしょう。

明石 規制といえば、保安院を監視する役目の原子力安全委員会が、事故直後からまったく姿を見せませんでしたね。非難されるまで「黒衣《くろこ》に徹してきた」（班目春樹委員長）そうですが、肝心な時に「黒衣」では、存在している意味などありません。事故の時こそ、保安院以上の「主役」になるべきでした。

広瀬 そう、出てくるのは保安院ばかりで、原子力安全委員会の連中は何をしているのか、と思った。おかしいですよ。こんな大事故の際は、保安院ではなく、安全委員会が出てきて国民に説明するのが筋でしょう。彼らは原子力災害から国民を守る最高責任者なのだから。

明石 四月五日の「朝日新聞」の記事によれば、安全委は四月四日に開いた定例会で「地震後初めて保安院から事故の正式な報告を受けた」と言っています。しかも報告内容は「すでに安全委が入手済みの情報ばかり」だったという。記者に質問されて、班目春樹委員長は「保安院とのコミュニケーションが足りないと思っていた。今回の報告が改善の一歩になれば」なんて答えている。まるで漫才ですよ。

安全委員会のホームページには事故以降の緊急会議の速記録が掲載されているのですが、驚きますよ。これを読むと国民を守る意識なんてこれっぽっちもないことが分る。

メンバーが緊急招集された三月一一日、つまり地震と津波で原発が被災した当日の会議はたった五分で終了。「地震発生に伴い『緊急技術助言組織』の立ち上げをおこなった」とあるだけです。一四日、一七日の会議も、ともに五分で終了。

三月二八日の臨時会議も九分で終了していますが、ここでようやく議論というか、二号機タービン建屋地下に通常の一〇万倍の放射能濃度の汚染水が溜まっていることが判明したことについて、安全委員会からの助言案が話し合われています。しかしその内容はといえば、原因を「一時溶融した燃料と接触した格納容器内の水がなんらかの経路で直接流出してきたものと推定」しながら、炉心への注水は「仮設のポンプに切り替えるなどして今後もより安定な形で継続できます」と、非常にお気楽な見方しかしていないのです。しかも、事故の収束の仕方などそっちのけで、時間の大半を、用意周到な意見書作成のために割いている。

たとえば、小山田修委員（専門・原子炉構造工学）が、「空間線量率が非常に高いのは建屋の中だけであり、屋外では異常な数値は計測されていません」という文言に対し「今の屋外の数値もやはり異常ではあると思います。従いまして、ここは『屋外ではこれほど高い数値は計測されていません』というふうに書く方がよろしいのでは」と提案すると、班目委員長が「確かに異常な数値ですね」と他人事のように言い、すると代谷《しろや》誠治委員（専門・原子炉物理、原子炉工学）が、「『異常な数値』というのは『特に異常な』、『特段に異常な数値』ぐらいにしてはいかがでしょうか」と提案する。このどこが「専門的」なのでしょうか。しかも彼らの関心は、いかに事故を過小評価するか、だけのようです。こんな瑣末《さまつ》な「議論」をしていて、果たして事故が収束できるものでしょうか。言葉のお遊びをしているような原子力安全委などいりません。国民を馬鹿にするにも程があります。この人たち、みんな自称「専門家」に過ぎないですよ。

四月四日以降は保安院の次長や審議官らの報告を元に臨時会議が開かれているのですが、一〇日の会議では、久住《くすみ》静代委員（専門・放射線影響学）の提案で、原発の半径二〇キロ圏外で高い放射能汚染にさらされた場所については、事故発生という「緊急時」だからと言いながら、一年間の積算線量限度をいきなり「二〇ミリシーベルト」にしようと、大した議論もないまま簡単に決めている。乱暴すぎます。これまで、一般公衆における一年間の積算線量限度だとされてきた「一ミリシーベルト」の二〇倍の数値ですよ。久住委員の発言を引用します。

二〇ミリシーベルトに急に上がるということに大変心配されるのではないかと思います。しかし、あくまで一年間に一〇〇ミリシーベルトまでは確定的影響という被曝をしたときに、短期間に現れる身体影響も、長期的に起こってくる晩発的影響、確率的影響も起こらないことをはっきり皆様に理解していただきたいと思います。特に今回は、急性被曝、一度の被曝ではなく、継続している慢性被曝ですから、影響はより少ないというふうに考えられます。

この言葉を信じた末に「身体影響」が現れた場合、医療面でも経済的にも、この久住という人が公的に、かつ個人的にも責任を取ることを保証・確約してもらえない限り、とても「理解」などできません。

被曝の恐怖に加え、これまでの生活基盤を丸ごと取り上げられるかもしれないという今、多くの福島県民が味わわされている生き地獄のような苦しみや悲しみなど、この人にとっては所詮、他人事に過ぎないのでしょうね。不幸にしてフクシマの人たちが急性症状や晩発性症状に見舞われたとしても、こういう人は決して責任など取ろうとはしないものです。

広瀬　久住の履歴を見ると、広島大学医学部を卒業後、一九八八年五月に日米共同研究機関「放射線影響研究所（放影研）」臨床研究部副部長、その後、広島大学原爆放射能医学研究所とある。放影研という組織を仕切ってきたのは、重松逸造という男です。

重松は戦時中に海軍軍医で、戦後、一九五五年にアメリカ留学から帰国したのですが、この渡米中に、原子力マフィアとの何らかのコネクションをつくったのだと私は推測しています。一九六六年に国立公衆衛生院の疫学部長に出世し、一九七三年にWHO諮問委員会委員に成り上がる。そして国際疫学協会理事となり、スモン病、イタイイタイ病、川崎病の研究班長となり、公害・薬害発生の原因物質をいずれも「シロ」と判定し、「疫学犯罪」と呼ぶべき行為を重ねてきた信じ難い人間です。宮崎県の土呂久《とろく》鉱害（住友金属鉱山による砒素中毒《ひそ》）の被害消去説にも暗躍していた。この重松が、一九八一年から広島の放射線影響研究所の理事長になりました。

今、なぜ福島県内の児童たちが猛烈な被曝状態に放置されているかを知るため、放影研という無気味な組織を読者にきちんと紹介しておきましょう。

広島・長崎に原爆を投下した米軍が、被爆者をモルモットにして、核戦争によって原爆が人間にどのような影響を与えるかを調査した組織がアメリカのＡＢＣＣ（原爆傷害調査委員会）でした。これが一九七五年に改組され、日本が受け継いで放射線影響研究所となり、一九八一年から重松が広島の放影研の理事長として君臨する。そして、一九八六年にチェルノブイリ原発事故が起こって全世界に原発反対の嵐が吹き荒れると、日本原子力産業会議（原産会議。現・日本原子力産業協会）会長の向坊《むかいぼう》隆らと組んで重松が動きだし、国際原子力機関（ＩＡＥＡ）が組織したチェルノブイリ原発事故の被害調査団の団長となる。その時、重松が何を言ったと思いますか。チェルノブイリ汚染被曝現地を訪れながら、「チェルノブイリでの放射能の害は成人には見られなかった。むしろ放射線ストレスの方が深刻だった」とか、「放射能ではなくアルコール中毒で死んだほうが多かった」などと、まったく放射能被害がないかのような結果を報告して、チェルノブイリ原発事故を追跡してきたフォトジャーナリストの広河隆一さんをはじめ、全世界からの怒りを買ったのです。

この手口が、現在もまったく同じ形で、推進派のロジックになっている。つまり「放射能をこわがる精神的なストレスのほうが病気になる。安心して生活したほうが、健康になります」というおそるべき放射能無害論です。後任の放射線影響研究所理事長が、やはり今福島県内の児童の二〇ミリシーベルト無害論にお墨付きを与えた長瀧《ながたき》重信（長崎大学名誉教授）だ。これら放影研人脈は、日本アイソトープ協会（後述）と共に「被曝しても健康にはなんら問題ない」と平気でしゃべりまくる人間たちです。私が許せないのは、こんな連中が、必ず広島、長崎を舞台に出世していることです。事情を知らない人に、広島と長崎の学者なら被曝に関しての研究は信用できるだろう、と思い込ませるのだから悪質きわまりない。だから、すべての日本人は一刻も早く、現在の福島県内の被曝量がとてつもなく危険だということを知る必要があります。

明石　限度を一気に二〇倍にした久住委員は、その重松逸造の弟子なのですね。

広瀬　私がもっと無気味に思うのは、このようなおそろしい人物をトップに据える官僚たちの人選です。ほかの安全委員会の委員の履歴を見ると、班目、久木田《くきた》豊（専門・原子力熱工学）、小山田が東大の大学院工学系研究科。代谷は京大大学院工学研究科。まさに原子力マフィアのエリートコースを歩んできた人間たちです。

明石　五月一一日の共同通信が報じていたのですが、原発からの三〇キロ圏内や計画的避難区域に指定された福島県の飯舘村、川俣町など、放射線量が高い地域の全住民を対象にした「健康検査」に、その放影研が乗り出そうとしているようですので、注意が必要です。記事では、放影研の大久保利晃理事長が「健康検査」の目的として、「住民の不安を取り除くことが最優先」と言っています。実態を把握してもいないうちから、なぜ「不安を取り除く」などと言えるのか？　放影研が仕切ってやるのでは、僕が先ほど提案したような被曝住民たちの「健康管理」や「医療補償」の役には絶対に立たない。確実にモルモット扱いされます。これはなんとしても阻止する必要があります。

〝デタラメ〟委員長の「想定外」

広瀬　だいたい安全委員長の班目は、福島の事故を起こした重大責任者だ。三月一二日の朝、菅首相と一緒に福島原発の視察に行った時、そのヘリの中で、首相に「大丈夫、水素爆発は起こらない」と言い続けていた。その八時間後に一号機で水素爆発が起こった。どう責任を取るつもりなのか。

明石　六月一〇日の「毎日新聞」によると、一号機水素爆発の映像を官邸のモニターで見た班目は「ああーっ」と叫び、頭を抱えてうずくまったのだそうです。

広瀬　班目はかつて浜岡で、住民から〝デタラメハルキ〟と呼ばれていた。二〇〇七年二月、静岡地裁でおこなわれた浜岡原発運転差し止め裁判で、中部電力側の証人に立って、非常用発電機や制御棒など重要機器が複数同時に機能喪失するという事態は想定していないのかと原告に問われ、堂々と「想定しておりません」と答えた。こんな電力会社の回し者が、どうして国民を守る安全委員長なんだ！　冗談もいい加減にしろよ。

班目「非常用ディーゼルが二台動かなくても、通常運転中だったら何も起こりません。そのほかにあれも起こる、これも起こると、仮定の上に何個も重ねて、初めて大事故に至るわけです。だからそういうときに、非常用のディーゼルの破断も考えましょう、こう考えましょうと言っていると、設計できなくなっちゃうんですよ。つまり、何でもかんでも、これも可能性がある、これはちょっと可能性がある、そういうものを全部組み合わせていったら、ものなんて絶対造れません。だからどっかで割り切るんです」

原告「制御棒二本の同時落下を想定していないというのも、割り切りなんですね」

班目「（制御棒二本の同時落下が）起こるとはちょっと私には思えません。どういうふうなことを考えているんですか。それに似たような事象があったら教えてください」

原告「東海地震のときに、再循環系が複数同時に破断する、ほかの緊急炉心冷却系が同時破断するとか、考えるべきでは？」

班目「地震が起こったときに破断することまで考える必要はないと思います」

どうだい、この班目証言。今の福島の大惨事を招いた張本人が、こんな証言を残している。

明石　福島では、班目が「割り切る」と言った事故の可能性の大半が起こったのですよ。通常の電源を失った上、津波をかぶって非常用ディーゼルまで使用不能になり、全電源喪失となった。想定できることさえせずに割り切って原発をつくった結果が大惨事を引き起こしたわけですからね。

広瀬　しかも、班目のこの証言の一ヶ月後に、過去に浜岡三号機の制御棒が三本落下していたことを中部電力が隠蔽していた事実が発覚していながら、すべて放置されてきた。

明石　六ヶ所村の再処理施設問題を追いかけたドキュメンタリー映画『六ヶ所村ラプソディー』（鎌仲ひとみ監督、二〇〇六年公開）の中でも、班目は「（核燃料の）最後の処分地の話は、最後は結局お金でしょ。どうしてもみんなが受け入れてくれないって言うんだったら、じゃあ、おたくには二倍払いましょ。それでも手を上げないんだったら五倍払いましょ、一〇倍払いましょ」と暴言を吐いていましたね。東電と同じで、札束で頬をひっぱたく習性が体にしみこんでいるとしか思えない。

今回の福島原発事故後、三月二二日の参院予算委員会で社民党の質問を受けて、「想定が悪かった。想定について世界的な見直しがなされなければならない」「原子力を推進してきた者の一人として、個人的には謝罪する気持ちはある」と発言していた。「割り切り方が正しくなかった」とも言っている。この期に及んで、まだ「想定外」との言い訳を繰り返しているのです。

広瀬　歴代の原子力安全委員会の委員長は、みんなどうしようもない。一九九〇年、当時の内田秀雄委員長（故人）が原発の安全設計審査指針を決定した際、「長期間にわたる全交流動力電源喪失は、送電線の復旧又は非常用交流電源設備の修復が期待できるので考慮する必要はない」と、事故の可能性を切って捨てています。

そして翌年、一九九一年二月九日に関西電力美浜原発二号機の蒸気発生器の細管でギロチン破断事故が起こると、安全評価を担当していた内田は「やむを得ない事故だった」として、まったくその深刻さを原発の安全解析に取り入れなかった。どんな事故が起ころうが反省がまったくない。想像力の欠如としか言いようがない。そういう人間が「安全」の責任者なのだから、今回のような大事故が起こらないほうが不思議だ。

「深く陳謝」するなら五四基の原発を止めよ

明石　元原子力安全委員長の松浦祥次郎、前原子力委員会委員長代理の田中俊一ら、政府の委員として原発推進の旗を振ってきた錚々《そうそう》たる学者たちが、国民に対して連名で懺悔《ざんげ》していましたね。
三月三〇日付の「福島原発事故についての緊急建言」の中で、彼らはこんなことを言っています。

「原子力の平和利用を先頭だって進めて来た者として、今回の事故を極めて遺憾に思うと同時に国民に深く陳謝いたします」

「私達は、事故の発生当初から速やかな事故の終息を願いつつ、事故の推移を固唾を呑んで見守ってきた。しかし、事態は次々と悪化し、今日に至るも事故を終息させる見通しが得られていない状況である。既に、各原子炉や使用済燃料プールの燃料の多くは、破損あるいは溶融し、燃料内の膨大な放射性物質は、圧力容器や格納容器内に拡散・分布し、その一部は環境に放出され、現在も放出され続けている」

「特に懸念されることは、溶融炉心が時間とともに、圧力容器を溶かし、格納容器に移り、さらに格納容器の放射能の閉じ込め機能を破壊することや、圧力容器内で生成された大量の水素ガスの火災・爆発による格納容器の破壊などによる広範で深刻な放射能汚染の可能性を排除できないことである」

　こんな状況になるまで、大物の原発推進学者たちでさえ手をこまねきつつ「固唾を呑んで見守ってきた」だけだったそうです。「専門家」だというのに、私たち庶民と大して変らなかったようですね。さらに「当面なすべきことは、原子炉及び使用済核燃料プール内の燃料の冷却状況を安定させ、内部に蓄積されている大量の放射能を閉じ込めることであり、また、サイト内に漏出した放射能塵《じん》や高レベルの放射能水が環境に放散することを極力抑えること」と課題を挙げつつも、しかし「これを達成することは極めて困難」とも語っている。つまりこの緊急提言は、事実上の〝お手上げ宣言〟のようにも読めます。

広瀬　何が「深く陳謝」だ。そんな言葉は、何の意味もない。本当に謝る気持ちがあるのなら、そして本当に放射能災害を広げたくないと思っているなら、全国にあるほかの四八基の原発がみな、この連中の安全のゴーサインで運転されているのだから、「私たちは間違えていた。すべての原発を即刻止めないと危険である」と政府に進言して、全機の運転停止を呼びかけるべきだ。事実、全部が危ないのだから。

松浦は、「読売新聞」(四月九日)の取材に答えて「津波を考えていなかったわけではないが、予想よりはるかに大きかった。今回と同様の規模の津波が過去にあったと警告する研究者がいるのを知ったのも最近のことだ」と、われわれより無知だったことを白状している。原発の推進学者たちは、過去の津波を知らなくて、原子炉を運転してきたのだよ。今回の事故を起こしても反省していない証拠に、事故対応を「戦争」にたとえ、「(放射能と戦うのは)決して勝てない戦争だ。放射能は人間の知恵では消せないからだ」と言いながら、「一方、負けてはならない戦争でもある」「日本や世界のエネルギー事情を考えれば、原子力を使えなくなる状況にはできないからだ」なんて、まだ原子力時代を続けようとしている。原子力産業は断崖に追いつめられているので、これからの彼らの発言は、「対策、対策、対策」に集中している。その巨額の対策費にたかって、また新組織をつくれ、津波対策だ、と飯のタネにしようというわけだ。国民が「冗談じゃない。原発なんて危ない発電法はもうこりごりだ。原子力マフィアは即刻解散しろ」という声をあげないと、日本に未来はない。断言しておくけれど、このままでは、もうすぐ第二、第三のフクシマが起こります。

一番腹立たしいのは、「原子力の将来は？」という質問に対して松浦は「途上国が先進国並みの生活を求めれば膨大なエネルギーが必要になる。石油や天然ガスは有限だし、自然エネルギーも不十分だ。原子力は重要な選択肢として考えざるをえない」と、今でも原発輸出を唱えていることだ。電気製品もつくれない途上国で、原子炉なんて危険物を動かせるはずがない。動かせば大事故だ。「これからも大事故発生に邁進《まいしん》します」で陳謝なのかい。

明石　今や途上国を相手に世界各地で原発の受注合戦が繰り広げられていますからね。日本もそれに遅れるまじと参戦しようとしている。中東やアジア諸国で現在導入が検討されている原発を日本が受注しようと、各原発メーカーは民主党政権や電力会社と一体となって血道をあげているのですよ。この儲《もう》け話を、長く続いている不況のカンフル剤にしようというわけです。

二〇一〇年一〇月に、菅首相自ら原発セールスマンとなってベトナムの首相と会談し、一〇〇万キロワット級の巨大原発二基の建設を日本が受注することで合意しています。原発一基を建設するには五〇〇〇億円程度の巨額な金が動くわけで、まさに原発特需といいたいところですが、ベトナム側もしたたかで、資金調達や燃料供給、使用済み核燃料を含めた放射性廃棄物の処理などについての「条件」を日本側に求めている。放射性廃棄物の処理に関しては日本国内でも未解決のままだというのに、そんな条件を受け入れていったいどうするのか、それじゃカラ手形じゃないかと僕は見ているのですけどね。

広瀬　使用済み核燃料の最終処分なんて、日本国内でもアメリカ、ヨーロッパでも、どこも引き受け手がなくて、将来も一〇〇パーセントあり得ない。ベトナムに高レベル放射性廃棄物の最終処分場をつくることは不可能ですよ。

明石　したたかなベトナムの振る舞いを見ていると、どうも日本に引き取らせようとしているのではないかと思う。日本には、一応、青森の六ヶ所村の再処理施設があるでしょう。だから、向こうでは使用済み核燃料が日本にとってゴミだとは思ってないのですよ。

それでどうする気なのかと、「海外で発生する日本関連の放射性廃棄物」問題を所管する、経産省資源エネルギー庁の原子力政策課を取材したわけです。「放射性廃棄物を日本が引き取るのか」と聞くと、「それは現時点では想定しておりません」。カネ儲けもいいけど、ここでもまた、肝心なところをまったく想定していないということには、呆れるばかりです。

「最終処分」という恐怖の国策

広瀬　日本で、高レベルの放射性廃棄物を管理処分しているのがNUMO《ニューモ》＝原子力発電環境整備機構（二〇〇〇年一〇月設立）という組織です。何が「環境整備」か、なんで放射性廃棄物管理機構と名乗らないかと腹立たしい限りだけど、このメンバーを調べると、あの「もんじゅ」事故を起こしたウソツキ動燃の分身だからね。

ここの理事長が、山路亨。元東電の役員だった男だよ。東電の違法で不当な事故隠し、データ改ざん、検査逃れの犯罪的行為は数えきれないが、山路たちの不正のおかげで、二〇〇三年には東電のすべての原発一七基がストップした。こんな前歴の持ち主がNUMOの理事長で、副理事長が元経済産業大臣官房付の樋口正治。このマフィアたちが最も危険な放射性廃棄物の管理処分を進めているのだから寒気がする。

しかも、このNUMOの評議員に東電の清水社長と一緒に名前を連ねていたのが、前原子力安全委員会委員長の鈴木篤之《あつゆき》（現・日本原子力研究開発機構理事長）。彼が電力会社の幹部と組んで、放射性廃棄物の最終処分場を日本各地につくらせようと画策している。
明石　鈴木篤之も、四月六日の衆院経済産業委員会で過去の答弁を追及されて、「痛恨の極み」「（全電源喪失の事態に備えてこなかったことは）正しかったということはない」と、福島事故について謝罪している。以前は「同じ敷地には他の原子炉の電力があるから大丈夫」と豪語していたというのに。先を見通すことのできない人間は、「科学者」として失格です。
広瀬　明石さん、原子力環境整備促進・資金管理センターって知っている？
明石　ああ、最終処分場の確保のために、えらい資金を貯め込んでいるところでしょう。しかも天下りの巣窟だとか。
広瀬　そう。「核燃料サイクル事業」推進の名目で、再処理と放射性廃棄物の最終処分のための積立金を電力会社から集め、管理している団体だが、四月九日の「日刊ゲンダイ」の報道によれば、なんと三兆円を超える巨額資金を持っているという。これ、みんな電気料金からとられているのですよ。この団体の並木育朗理事長は元東電の役員、専務理事の古賀洋一は経産省からの天下り、常務理事の塩田修治は関西電力出身、理事にはもちろん鈴木篤之の名前もある。まるで泥棒猫のたまり場だ。

明石　三兆円とは貯めこんでいますね。復興資金のための増税とか、電気料金値上げとか、政府の周辺から聞こえてきますが、まずその〝資金〟を被災者への賠償金にそっくり充てるべきですね。原子力マフィアにはそういう〝裏資金〟がうなるほどあるのではないですか。

広瀬　彼らには「法律にのっとって」という、政官を抱き込んだ伝家の宝刀があるから、国民が声を上げて、あいつらの隠し財産を吐き出させないといけない。そもそも、原発事故の損害賠償について電力会社に責任がないことが、最大の不条理だ。自己責任を明確にすれば、電力会社は原発を持たなくなるはずだと思わないかい。原発災害の賠償のために増税だとか、電気料金を値上げするだなんて、許されると思っているのか。まず役員報酬をゼロにし、全社内を完全に合理化した上で、莫大なカネを投じて日本の腐敗を拡大した一切のテレビコマーシャルを禁止し、保有株や不動産をすべて売り払わせて、あるだけの資金をすべて吐き出させ、パンツ一枚にしてからの話だ。原子力産業が三兆円もの巨額な資金を隠し持って、鈴木たちが暗躍するＮＵＭＯがどんな子供だましの宣伝文句で地元民をだまそうとしているか、明石さんもよく知っていると思うけれど。

明石　高レベルの放射性廃棄物を「四重の壁」で守る地層処分というやつですね。原発の「五重の壁」と一緒で何の説得力もない。まったく地元住人をなめた説明です。

広瀬　NUMOのサイトを覗いてみると、その「四重の壁」の処分がどんなものか載っている（一五二～一五三ページに掲載）。「バリア1は、ガラス固化体で、その周りを鉄の容器で包みます。その上から粘土で固めます。それを深いところに埋めます。このあたりは岩盤です。大丈夫です」という子供だましの絵を描いてね。薄っぺらいガラスと鉄と粘土、そして、こわいのは第四の壁が「天然バリア」だという。人間が住み、農作物をつくっているこの地面を「バリア」だと言う奴らだ。地面に深く穴を掘れば必ず地下水を貫通し、埋めた放射性廃棄物に水が浸入して、長い時間の中で放射性物質が流出していくだろう。これが農作物にも入ってくる。生活用水にも入ってくる。そして川や海にもしみ出していく。地震を起こす断層で分るように、日本の地下は亀裂だらけで、強固な岩盤なんてないに等しい。しかも、火山活動が盛んな地震国ときているのに、どこにそんな危険なものを埋める場所があるというのか。

二〇〇八年に、二キロ四方が陥没して山がまるごと一つ消える大崩落を起こした岩手・宮城内陸地震がありました。じつは、動燃が長いあいだ秘密に調査していた放射性廃棄物の最終処分場の「適正地区」として、このあたりの地震多発地帯が多数選ばれていたのだよ。

明石 もし、その「適正地区」に処分場ができていたら、宮城地震でエライことになっていましたよね。山崩れの中で大量の高レベルの放射性廃棄物がむき出しになることも、決して空想次元の話ではなかったわけですか。

広瀬 そんなことになったら、まず被害は東北地方全体に広がる。こわいね。NUMOはそんな危険きわまりないたくらみを、日本全土で展開しようとしている。現在、NUMOをはじめとして、放射性廃棄物に関する研究のほとんどが、地底に放射性物質が流れ出た後の地下水中の挙動を調べることに費やされている。そして「地下水中では放射性物質は流れない」とデタラメの報告をしている。誰がそんな非科学的な話を信じますか。

東電と組んで、そんな調査の指導をしてきたのが鈴木篤之だ。そして、『原子炉時限爆弾』でも書いたことだけれど、このNUMOと一緒になって最終処分場誘致に走り回って

多重バリアシステム

岩 盤

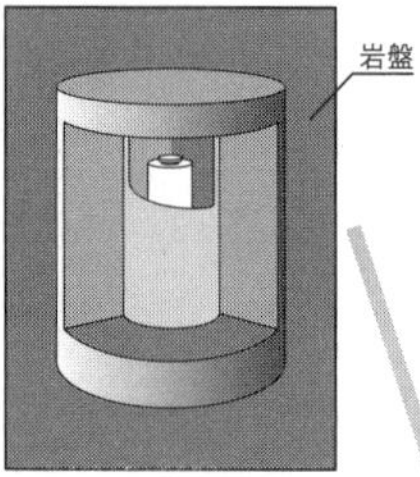

●放射性物質の移動を遅らせます

深い地下にある岩盤では、地下水の動きが極めて遅く、放射性物質は岩盤にしみ込んだり、吸着されたりすることで、その移動がさらに遅くなります。

天然バリア ＝

岩 盤

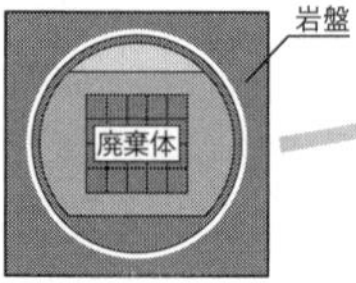

●放射性物質の移動を遅らせます

深い地下にある岩盤では、地下水の動きが極めて遅く、放射性物質は岩盤にしみ込んだり、吸着されたりすることで、その移動がさらに遅くなります。

地層処分施設

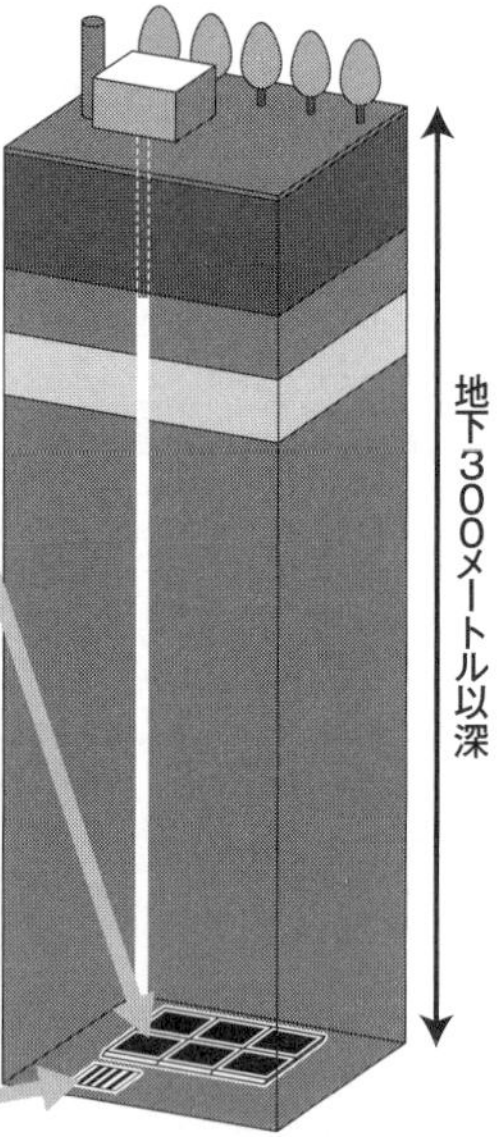

放射性物質は人工バリアと天然バリアによって、しっかりと閉じ込められます。地下300mよりも深いところに処分することで、放射性物質が溶け出したとしても、わたしたちの生活環境にもたらされるにはきわめて長い時間を要し、それによる放射線はわたしたちが日常生活の中で受けている放射線に比べて十分に低く、人間の健康に影響はありません。

http://www.numo.or.jp/pr/panf/pdf/shittehoshii.pdf より

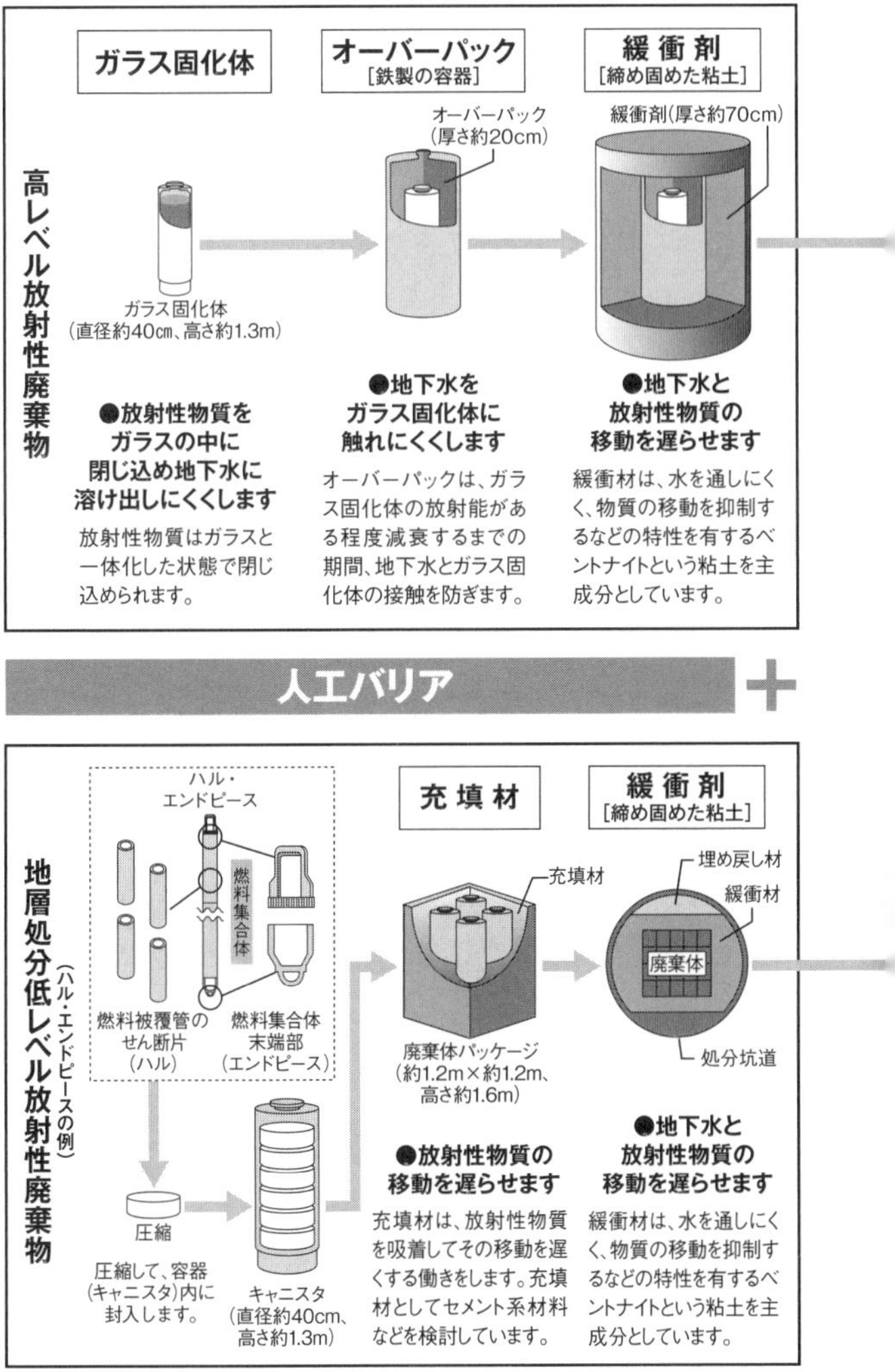
高レベル放射性廃棄物
ガラス固化体
オーバーパック
[鉄製の容器]
緩衝剤
[締め固めた粘土]
ガラス固化体
(直径約40㎝、高さ約1.3m)
オーバーパック
(厚さ約20cm)
緩衝剤(厚さ約70cm)
●放射性物質を
ガラスの中に
閉じ込め地下水に
溶け出しにくくします
放射性物質はガラスと一体化した状態で閉じ込められます。
●地下水を
ガラス固化体に
触れにくくします
オーバーパックは、ガラス固化体の放射能がある程度減衰するまでの期間、地下水とガラス固化体の接触を防ぎます。
●地下水と
放射性物質の
移動を遅らせます
緩衝材は、水を通しにくく、物質の移動を抑制するなどの特性を有するベントナイトという粘土を主成分としています。
人工バリア
地層処分低レベル放射性廃棄物
(ハル・エンドピースの例)
ハル・
エンドピース
燃料集合体
燃料被覆管の
せん断片
(ハル)
燃料集合体
末端部
(エンドピース)
圧縮
圧縮して、容器
(キャニスタ)内に
封入します。
キャニスタ
(直径約40cm、
高さ約1.3m)
充填材
緩衝剤
[締め固めた粘土]
充填材
廃棄体パッケージ
(約1.2m×約1.2m、
高さ約1.6m)
埋め戻し材
緩衝材
廃棄体
処分坑道
●放射性物質の
移動を遅らせます
充填材は、放射性物質を吸着してその移動を遅くする働きをします。充填材としてセメント系材料などを検討しています。
●地下水と
放射性物質の
移動を遅らせます
緩衝材は、水を通しにくく、物質の移動を抑制するなどの特性を有するベントナイトという粘土を主成分としています。

(注)形状・大きさ・材質については一例を示す。

いるのが、写真家の浅井慎平だ。経産省資源エネルギー庁などが主催する各地の講演会には必ず登場し、「CO_2を出さない電力を考えなければならない」、「使っているエネルギーがもう一度新しいエネルギーを生み出すようなしくみに向かわなくてはいけない」と素人のくせに分ったようなことをしゃべって、原発、再処理、プルサーマルを推進する発言をくり返してきた。彼らが進めている国策は、まさに「恐怖の処分」と呼ぶしかない。

私は『二酸化炭素温暖化説の崩壊』（集英社新書）で、「地球環境のためにCO_2削減！」というスローガンに科学的根拠がないことを実証したけれど、まともな学者もほとんどみな同意見です。CO_2削減を叫んでいるのは、国からカネをもらっている御用学者と、今やかなり怪しい組織になりつつある気象庁だけ。これを錦の御旗《みはた》にして原子力政策を進める民主党政権、そして小宮山宏を中心とする〝エコ学者〟たちは、この高レベル放射性廃棄物を誰がどう処分するのか、責任を持って答えてから原発推進を口にしろと言いたい。

「被曝しても大丈夫」を連呼した学者たち

明石　その放射性廃棄物の危険性を教えてくれるのが、たった今、福島県内で進行している深刻な放射能汚染被害です。その問題を話しましょう。僕が今回唖然《あぜん》としたのは、大気中にかなり高い数値の放射線が検出され始めても、政府発表をはじめ学者たちのほとんどが、「ただちに健康に影響するレベルではない」と延々と言い続けたことです。揃いも揃って「大丈夫」の連呼ですよ。

政府の広報係に過ぎない枝野官房長官は、人の話を受け売りするしかない原子力の素人だからともかくとして、メディアや一般市民に対して、3・11以降、「放射能安全論」を流布した学者たちの発言をちょっと検証してみましょう。

■長瀧重信（長崎大学名誉教授。元日本アイソトープ協会常務理事、元放射線影響研究所理事長、国際被ばく医療協会名誉会長）

「スリーマイルではこれまでに健康被害は報告されていない。チェルノブイリでも、事故直後の急性放射線障害を別にすれば、小児甲状腺がん以外の健康障害は認められていません」（三月三一日、毎日新聞）

■山下俊一（長崎大学大学院医歯薬学総合研究科長。日本甲状腺学会理事長。福島原発事故後、

「福島県放射線健康リスク管理アドバイザー」に就任）

「放射線の影響は、実はニコニコ笑ってる人には来ません。クヨクヨしてる人に来ます。これは明確な動物実験でわかっています。酒飲みの方が幸か不幸か、放射線の影響少ないんですね。決して飲めということではありませんよ。笑いが皆様方の放射線恐怖症を取り除きます。でも、その笑いを学問的に、科学的に説明しうるだけの情報の提供がいま非常に少ないんです」（三月二一日、福島でおこなわれた講演会で）

■高村昇（長崎大学大学院医歯薬学総合研究科教授。福島原発事故後、「福島県放射線健康リスク管理アドバイザー」に就任）

「ある一定の線量は人間のためには害にならない、むしろベネフィット（便益、恩恵）になる。X線を使うとか、胃の透視に使うとか……。ここからさらに大きな爆発があるんじゃないかとか、それを皆さん一番心配してらっしゃると思いますけれども、そういった状況になるとはちょっと考えにくいと思います。現時点では、そしてこの先も、この原子力発電所の事故による健康リスクというのは、非常に、と言ってはいけません、全く、考えられないと言ってよろしいかと思います」（三月二一日、同じ講演会で）

■神谷研二（広島大学原爆放射線医科学研究所所長。福島原発事故後、「福島県放射線健康リスク管理アドバイザー」に就任）

「（三月）一三日午後に原発周辺で検出された『毎時一五五七・五マイクロシーベルト』という放射線量自体は、測定地点にいても健康障害を引き起こすほどではないだろう」（三月一六日、ヒロシマ平和メディアセンターウェブサイトより）

広瀬　長瀧、山下、高村、神谷の四人は、「放射能安全論」のA級戦犯だね。長瀧は、さきほども言ったように、福島県内の児童の二〇ミリシーベルト無害論にお墨付きを与えた張本人で、重松逸造の後を継いで放射線影響研究所理事長になり、国際被ばく医療協会名誉会長になった。そして長崎の山下、高村、広島の神谷が揃って福島県に放射線健康リスク管理アドバイザーとして雇われ、二〇ミリシーベルトでも健康に影響はないどころか、その五倍の「年間一〇〇ミリシーベルト以下なら心配ない数値」と話して回り、文部科学省の基準に対して激しく抗議する親からどなりつけられてきた。さっき言ったように、危険な原発内で働く労働者でさえ「年間二〇ミリシーベルト」を超える放射線を浴びる人はゼロですよ。ほとんどが年間五ミリ以下だというのに、その四倍を児童に浴びさせるのは、殺人に等しい。

明石 ヒロシマ、ナガサキという被爆地の看板を使って〝被曝安全説〟を振りまくことは、被爆者への冒瀆《ぼうとく》以外の何ものでもありません。「被爆地から来た専門家の言うことだから」という意識を逆手に取ろうという魂胆ですね。おまけに高村に至っては、自分の専門外である「原発事故」の話にまで踏み込み、「大きな爆発はちょっと考えにくい」とまで語っている。勇み足をして〝本音〟を吐いてしまった好例です。「医歯薬学総合研究科の教授」に、原発御用学者でさえ先が見通せない原発事故のいったい何が分るというのですか。正体見たり、ですね。

被爆者や、その地元の新聞社である「中国新聞」や「長崎新聞」は、今の彼らの〝大活躍〟ぶりをどう見ているのでしょう。ちなみに「中国新聞」は三月三〇日の社説で、中国電力島根原発二号機で二〇一四年度から計画されているプルトニウム・ウラン混合酸化物（ＭＯＸ）燃料の装荷に対し「おいそれと受け入れることはできまい」と異を唱え始めました。また「長崎新聞」は五月二日、「二〇ミリシーベルト無害論」に対して長崎県の被爆者の間でも波紋が広がっていることを報じつつ、福島県内では「笑いが皆様方の放射線恐怖症を取り除きます」などと暴言を吐いている山下俊一が、地元の長崎では「事態が収束に向かえば放射線量の数値も下がるとみられるが、今は福島の生活、社会環境などを踏まえると政策的に判断せざるを得ないのではないか」と、まったく違ったトーンで語っていることを暴露しています。さすがに長崎では「被爆者の目」を意識せざるを得ないからなのでしょう。福島と長崎で言葉を使い分ける山下は確信犯です。

そもそも、東電の大失態によって被曝させられた上に避難まで強いられ、生活基盤を根こそぎ破壊された福島の人たちが「クヨクヨ」するのは当たり前のことです。しかし、そんな人たちに向かって「クヨクヨするな」と言うのですから、本末転倒も甚だしい。そんなことも分らないようなら、医師である以前に人間としても失格です。

■諸葛《もろくず》宗男（東京大学公共政策大学院特任教授）

「いまの汚染のレベルは、現場に一時間立っていても、レントゲン検査の一〇分の一」

（三月一四日、TBS「みのもんたの朝ズバッ！」）

「原爆実験が盛んだった時代には、日本中どこでも今くらいの値はあたりまえに測定できていた。それでも今は一〇〇〇分の一に減っている。官房長官も安全だと言っている。過剰な反応はよくない」（三月三〇日、テレビ朝日「ワイド！スクランブル」）

「大気中一万倍程度の放射性物質くらいならば安全だ、気にすることはない」（同）

■星正治（広島大学原爆放射線医科学研究所教授）

「一分浴びただけなら放射線量は六〇分の一となるわけで、一瞬ならば、そうした健康被害が出るわけではなく、また距離が離れると放射線量は減る」（三月一五日、ｍｓｎ産経ニュース）

「浄水場で水を濾過《ろか》する際、細菌やゴミと同時に放射性物質も取り除かれ、人体に心配ないレベルになる。過剰な心配をする必要はない」（三月一七日、産経新聞）

■前川和彦（東京大学名誉教授。救急医学）

「一連の事故で放出されたのは、核分裂生成物質（放射性物質）を含む気体で、核燃料そのものが爆発したわけではない。これらは風に乗って運ばれるが、遠方で観測されてもごく微量のため、健康に影響を与える可能性は低いと思われる。被ばく線量が一五〇ミリシーベルト以下なら急性の健康被害が出ることはなく、また、一〇〇ミリシーベルト以下なら、将来がんになるなどの長期的な影響もないと考えられている。避難や屋内退避の範囲は、ある程度、安全の幅をとって設定されている。三〇キロより遠い地域の人は特に対策をとる必要はないが、もし心配なら外出を控えることだ」（三月一六日、毎日新聞）

「燃料が溶ける『炉心溶融』が起きても液体状なので、格納容器が完全に破壊されていなければ封じ込めることができる。チェルノブイリ事故の場合は爆発によって放射性物質を含んだ死の灰がまき散らされ、多くの人が汚染されたが、今回は爆発が起きているわけではない。溶融した燃料が外に漏れないようにすれば、大規模な放射能汚染が起きる可能性は低い。住民はパニックを起こさず、冷静に対応してほしい」（三月一五日、msn産経ニュース）

■寺井隆幸（東京大学大学院工学系研究科教授）

「IAEAや他国が色々な基準を言うが、ここは日本なので、日本政府が定めた基準に絶対服従。他の基準とかなんとかごちゃごちゃ言っても関係ない」（四月一日、TBS

「ひるおび！」）

「（関口宏が高濃度の放射能が漏れていることを心配すると）それは問題ありません。なぜなら原発周辺に人はいないし、三〇キロ圏内は屋内退避になっているから、人への害はありません」（四月三日、TBS「サンデーモーニング」）

■松本義久（東京工業大学准教授）

「（乳児にも三〇〇ベクレル以上の水を飲ませてもいいのですか？と聞かれて）全然大丈夫です！」（三月二一日、テレビ朝日「やじうまテレビ！」）。同日、厚生労働省は「一〇〇ベクレルを超えるものは乳児に飲ませないで」と警告）

「（現場に向かう東京消防庁隊員へ向かって）二五〇ミリシーベルトならば全く問題ありません」「被曝でダメになっても精子はまた新しく再生されます」「遺伝子の神様があなた達の精子を守ってくれてます」（三月三〇日、テレビ朝日「ワイド！スクランブル」）

■奈良林《ならばやし》　直《ただし》（北海道大学大学院工学研究科教授。原子炉工学）

「食塩の致死量は二〇〇グラム、プルトニウムは三二グラムなんですよ。それくらいの毒性なんです」（四月三日、テレビ朝日「サンデースクランブル」）

授）

■渡邉正己（薬学博士。京都大学原子炉実験所教授。京大大学院理学研究科および医学研究科教授）

「国際的な報告書では年間一〇〇～二〇〇ミリシーベルトという低い線量域での影響を測ることは難しいとされます。低い線量でも健康に害を与えると仮定しても、発がん率はおよそ一〇〇人に一人。放射線の被曝がなくても一〇〇人のうち五〇人はがんになるので、あまり影響はないと予想されます」（三月二一日、ｍｓｎ産経ニュース）

■秋葉澄伯《すみのり》（鹿児島大学大学院医歯学総合研究科教授。公衆衛生学）

「放射能の検出が厚生労働省が定めた暫定規制値以下なら、健康への影響は全く心配ない。放射性ヨウ素は、甲状腺という組織に集まりやすく将来、がんになるリスクを高める懸念があるが、暫定規制値は相当ゆとりをもたせている。たとえ上回った場合に一時的に飲んだとしても問題はない。現状なら障害は出ない水準といえる。この程度なら、放射線よりも喫煙や食生活、運動などの生活習慣の方が健康に大きく影響する。放射線が危ないと過剰に気を使い、入浴をやめたり水を飲まなくなったり、生活を乱す方がずっと健康に悪い」（三月二四日、日本経済新聞）

■浦島充佳《みつよし》（東京慈恵会医科大学准教授）
「（屋内退避の域外となっている福島県飯舘村で、簡易水道から通常値の一六〇〇倍ものセシウム137が検出された件について）水の問題では妊娠中のお母さんが水を飲んだらどうなるのか。あるいは、授乳中の母乳は大丈夫なのかと不安視する声もありますが、チェルノブイリ原発事故でも、周辺にはたくさんの妊娠中の女性がいましたが、事故後、奇形が生まれたとか甲状腺ガンにかかったという報告はほとんどありませんでした。安心して下さい」（三月二七日、J-CASTニュースが紹介したNHK「クローズアップ現代」三月二四日放送「原発事故―広がる波紋」中の発言）
■三橋紀夫（東京女子医科大学大学院教授。放射線腫瘍学）
「（高濃度汚染水につかり、くるぶしから下に推定二〇〇〇～三〇〇〇ミリシーベルトの放射線を受けて千葉市の放射線医学総合研究所に入院した作業員二人について）強い放射線を受けても体の一部に限られていれば、大きな健康被害が出るとは限らない」（四月三日、読売新聞）
■米原英典（放射線医学総合研究所）

「現状では放射性ヨウ素が食品を通じて体に入っても、気にする必要のない数値だ。必要以上に怖がらないで」(四月五日、毎日新聞)

■中村仁信(大阪大学名誉教授)

「(回答パネルに『放射線は微量なら安全です　むしろ体にいい影響が…』として)まず、いいというより先に、安全というか、むしろ全然恐くないという認識の方が先ですが、放射線に当たってどうなるかというと、活性酸素が増えるだけなんです。活性酸素って、運動しても増えますよね。呼吸してても出てきます。それがちょっと多めに出る。それだけのことなんですよ」(三月二七日、読売テレビ「たかじんのそこまで言って委員会」)

明石　どうですか、すごいでしょう。もはや一つひとつにコメントするのがバカらしくなるくらいです。福島の事故後わずか三週間くらいの間に、これだけの学者がメディアに登場して、放射能は安全、大丈夫、体に影響が出るほどではない、むしろ体にいいくらいだと連呼していたのですよ。「危険だ」と警鐘を鳴らす学者がまったくと言っていいほど登場しなかった。というより、メディアは登場させなかった。

広瀬　たまげたね。あんまり馬鹿バカしいから、ほとんどテレビを見なくなっていたけれど、これだけの数がいたとは。

しかし、社会原理的に考えると、こういう特異な人種だけがメディアに登場することは、簡単なパズルです。この集団は、もともと放射線の有効利用を飯のタネにしている人間たちだから、「放射能の危険性」を必死で否定しないと生きてゆけない。幼い子供たちの体より自分の給料や役職のほうが大事なのだから、何とあわれな人間だと思います。電力会社がテレビ局に根回しして、営業部を押さえ込み、このロボットのような人間たちを連れてくるのだから、みんな言うことはこわれた蓄音機と同じだ。

大気中の核実験がおこなわれた一九五〇年代に、アメリカの軍部と原子力委員会が作成したマニュアル通りの古くさい昔言葉だ。この半世紀、原子力産業の頭はまったく進歩していない。この言葉を信じたアメリカ人が大量にガンになった悲劇が示す通り、すべて嘘ばかりだ。この連中に一度、セシウム、ヨウ素、ストロンチウム、プルトニウム・レシピの食事をたっぷり食べさせてあげたいと、前々から思っているんだ。

このリストにはないけれど、池上彰も「週刊アサヒ芸能」（五月五日・一二日合併号）で

「東京より西日本のほうが放射線は高い」、東京の水道水に放射能が出ても「まったく問題ない」「チェルノブイリではまったく放射能の影響がなかった」なんて話を臆面もなく書いていた。池上は、NHKの「こどもニュース」に出ていた頃から六ヶ所再処理工場の宣伝マンだったから、救い難い。

明石　彼らはまるで被曝したがっているようにさえ見えますね。人に勧めるくらいなのですから、ぜひ自らも今の福島県に引っ越して、ついでに「地産地消」にも協力されることをお勧めします。僕は取材のためなら少しくらいは我慢して放射能を浴びる覚悟がありますけどね。先日も取材で二日間ほど（四六時間半）福島県に滞在しましたが、積算線量計の値は「一三マイクロシーベルト」でした。一年間、福島県内で同様の取材を続けたとすると、原発労働者並みの二・四ミリシーベルトになります。滞在中は努めて地元産のものを食べていましたから、これに内部被曝が加わります。自分は安全圏にいて根拠の乏しい楽観論をしゃべっている〝科学者〟を見ると、無性に腹が立ちます。

思い出すのは一九八七年から一九八八年にかけ、四国電力伊方《いかた》原発で出力調整運転実験が強行された頃のことです。あの時、「チェルノブイリの二の舞になる」として全国規模で反原発運動が盛り上がったことがあったじゃないですか。実験に反対する署名数が一〇〇万人を超えて、一九八八年四月に東京・日比谷でおこなわれた「原発とめよう一万人行動」集会には、主催者の予想を大きく上回る二万人もの人が集まりました。そして一九八八年七月、テレビ朝日の討論番組「朝まで生テレビ」で原発特集が組まれ、広瀬さんも出演されました。

あの番組の模様は僕も「朝日ジャーナル」誌上でレポートしたのですけど、プロデューサーだった今は亡き日下《くさか》雄一さんから、放送直前にこんな熱い思いを聞かされたことがあるのです。

「番組にはスポンサーがつかないし、放送にこぎつけるまで局の内外から相当な圧力もあった。中でも許せなかったのは、原発推進の旗振りをしてきた朝日新聞の大熊由紀子記者(朝日新聞社刊『核燃料─探査から廃棄物処理まで』著者)が出演を拒否したことだ。無責任極まりない。今こそ彼女は語るべきではないか。でも、大熊氏は逃げた。彼女だけは絶対に許すことができない」

かつての「原発」報道の現場には、日下さんのような戦うジャーナリストもいたのです。

実は僕自身も、日下さんに口説かれ、一九九九年のＪＣＯ「臨界被曝事故」直後に放送された同じ番組に出演したことがあるのです。

でも、日下氏亡き後、こうした「熱い思い」は果たして番組の制作現場に受け継がれているのでしょうか。同じ「朝まで生テレビ」は二〇一一年三月二六日、福島原発震災事故を俎上《そじょう》に載せました。残念なことに僕は、福島事故の検証記事取材と執筆による過労が重なって、体調を崩して直接見られなかったのですけど、後に確認したところ、反原発の立場からは誰一人として出演しておらず、インターネット上には番組への「偏向」批判が氾濫していました。「朝生」もまた、すでに報道番組としての使命を終えたのかもしれません。

政府発表の「チェルノブイリとの比較」

広瀬　首相官邸ホームページの災害対策ページに、原子力災害専門家グループによる「チェルノブイリ事故との比較」という報告[*3]が四月一五日にアップされました。福島原発事故は「レベル7」で、チェルノブイリ原発事故と同じ規模だったという発表の三日後に、その衝撃を打ち消そうと「チェルノブイリでもほとんど被害者がいなかったのだから、福島ではまず問題ない」という報告を出したのです。長瀧重信と、日本アイソトープ協会常務理事の佐々木康人が監修者で、福島の被害者の賠償対象、賠償額をいかに減らすかという目論見以外には考えられない。これがあまりにひどいので、猛烈な批判を浴びてきました。その内容を紹介しましょう。

チェルノブイリ事故の健康に対する影響は、二〇年目にＷＨＯ、ＩＡＥＡなど八つの国際機関と被害を受けた三共和国が合同で発表し、二五年目の今年は国連科学委員会がまとめを発表した。これらの国際機関の発表と東電福島原発事故を比較する。

1　原発内で被ばくした方

＊チェルノブイリでは、一三四名の急性放射線障害が確認され、三週間以内に二八名が亡くなっている。その後現在までに一九名が亡くなっているが、放射線被ばくとの関係は認められない。

＊福島では、原発作業者に急性放射線障害はゼロ。

2　事故後、清掃作業に従事した方
＊チェルノブイリでは、二四万人の被ばく線量は平均一〇〇ミリシーベルトで、健康に影響はなかった。
＊福島では、この部分はまだ該当者なし。
3　周辺住民
＊チェルノブイリでは、高線量汚染地の二七万人は五〇ミリシーベルト以上、低線量汚染地の五〇〇万人は一〇～二〇ミリシーベルトの被ばく線量と計算されているが、健康には影響は認められない。例外は小児の甲状腺がんで、汚染された牛乳を無制限に飲用した子供の中で六〇〇〇人が手術を受け、現在までに一五名が亡くなっている。福島の牛乳に関しては、暫定基準三〇〇（乳児は一〇〇）ベクレル／キログラムを守って、一〇〇ベクレル／キログラムを超える牛乳は流通していないので、問題ない。
＊福島の周辺住民の現在の被ばく線量は、二〇ミリシーベルト以下になっているので、放射線の影響は起こらない。
一般論としてIAEAは、「レベル7の放射能漏出があると、広範囲で確率的影響（発

がん）のリスクが高まり、確定的影響（身体的障害）も起こり得る」としているが、各論を具体的に検証してみると、上記の通りで福島とチェルノブイリの差異は明らかである。

＊3　http://www.kantei.go.jp/saigai/senmonka_g3.html

明石　「福島の周辺住民の現在の被ばく線量は、二〇ミリシーベルト以下」だから影響はないって、事故直後の高線量の被曝がまったく考慮されていない上に、福島県内で暮らしている限り年々積算されていくのですよ。しかも、「二〇ミリシーベルト／年」以上の高線量の汚染地域から事故後二ヶ月が過ぎても避難していない住民も多いし、住民の内部被曝を測ってもいないうちから「周辺住民の現在の被ばく量は、二〇ミリシーベルト以下になっている」などと断定している。こう言い切ること自体に科学性がない。ひどいな。

広瀬　チェルノブイリの被害報告はＩＡＥＡの数字を基にしているというが、ＩＡＥＡというのは原発を推進するために設立された国連機関だからね。国際放射線防護委員会（Ｉ

CRP）やIAEAは、基本的に核実験の安全論をふりまくために誕生した組織だから、外部被曝より一〇〇倍以上も危険な内部被曝をまったく切り捨てて被害を計算する。ソ連が崩壊して生まれたロシア、ウクライナ、ベラルーシ三国の被害者数が、どれほどの数か、読者は知っているでしょうかね。

事故から一八年後の二〇〇四年に、ウクライナ保健省がチェルノブイリ事故による被曝者を三二〇万人とする調査資料をまとめ、児童四五万人を含む二三〇万人が政府機関の保護観察下に置かれていると発表しました。二〇〇五年にはロシアの保健社会発展相が、チェルノブイリ事故で健康を害した被曝者がロシアで一四五万人に上り、事故後に生まれて健康を害した一八歳以下の人も二二万六〇〇〇人いたことを明らかにしています。被曝者全体の中で身体障害者の認定を受けた人は四万六〇〇〇人に達しました。事故から二〇年後の二〇〇六年三月時点では、ロシア、ウクライナ、ベラルーシ三国の健康被害者は合計七〇〇万人を数えたのです。二〇〇九年四月二六日には、ウクライナ全国で犠牲者の追悼式典がおこなわれ、ウクライナだけで公式に事故の被害を受けたとされた人が二三〇万人に上り、事故当時に子供や若者だった四四〇〇人もの人が、放射性ヨウ素の被曝による甲状腺ガンの手術を受けていることが分りました。ロシア、ウクライナ、ベラルーシと比較にならないほど人口密度の高い日本で、これから何が起こるか、日本人に分っているのだろうか。

文科省も、四月二〇日付で「放射能を正しく理解するために　教育現場の皆様へ」という対策冊子[*4]をホームページにアップしているが、これも「放射線の影響そのものよりも、『放射線を受けた』という不安を抱き続ける心理的ストレスの影響の方が大きいと言われています」「放射能のことをいつもいつも考えていると、その考えがストレスとなって、不安症状や心身の不調を起こします」などという、例によって重松逸造たちが使ってきた文言が連なっていて、誰がみても「安心して被曝してください」としか読めない。日本人がこれを信じるなら、それはそれでいいと思います。たっぷり放射能を吸って、楽しくやりなさい、と。しかし子供たちだけは、この愚かな大人と区別してわれわれが守らないと。

＊4　http://www.mext.go.jp/b_menu/shingi/chukyo/chukyo0/gijiroku/attach/1305458.htm より入手できる。

「放射能安全論」の源流

広瀬　さきほども言ったように、原爆を落とされた広島や長崎の学者を引っ張り出して安全論を語らせれば国民が信用するだろうと、原発推進の国策として昔からやってきた手口が出てきて、じつに無気味ですね。重松は、ＡＴＬ（成人Ｔ細胞白血病）の原因ウイルスの母子感染について、一九九〇年度に「全国一律の検査や対策は必要ない」との報告書をまとめた旧厚生省研究班の班長、元日本公衆衛生学会理事長でもある。

明石　この重松は、それこそありとあらゆる場面で登場してくる「御用学者」の見本か手本みたいな人物ですね。まるで便利屋のようです。僕が「週刊プレイボーイ」で連載した敦賀湾周辺の「悪性リンパ腫多発」報道の際も、〝あの記事はいかがなものか〟と疑問視する内容の原発安全ＰＲ記事に登場していました。

広瀬　歴史的なことを言えば、世界各地で大気中の核実験がおこなわれた一九四〇年代、一九五〇年代の日本の放射線科学者は、良心的で、世界最高でした。その人たちが核実験反対運動を起こして、一九五四年一二月半ばまでに、当時の日本の人口八八〇〇万人余りのうち二〇〇〇万人を超える署名を集めるほどすさまじい勢いで広がったのです。ところが、一九六〇年代に入って東海村一号機の運転が始まった途端、中曽根康弘をリーダーとする推進派に、その良心的な学者が全員パージされてしまった。すぐれた学者たちが、放射能の危険性を研究していた「日本放射性同位元素協会」から排除されて、元東大総長の茅《かや》誠司をリーダーとする「日本アイソトープ協会」という組織に改組された。

アイソトープ協会というのは、放射性物質の有効利用、放射線の有効利用を広める集団の根城です。IAEAが原発推進のための集団であるのと同じように、日本では、このアイソトープ協会が実効的な裏の原発推進人脈を生み出す団体です。そして、ここの創設メンバーの子飼いだった二代目が、今テレビや新聞、雑誌に出てきているのです。福島原発で汚染水に足をつけて被曝した作業者が運び込まれた、千葉県の放射線医学総合研究所も彼らの根拠地ですが、ここには良心的な研究者もいて、一九七〇年代にはトリチウムの危険性を発表してくれました。今回も、放射線医学総合研究所の元研究員、木村真三さんが、強烈な放射線が飛び交う福島原発から半径一〇キロ圏にも突入して土壌や植物、水などのサンプルを採取し、京都大学、広島大学などの友人の研究者たちに送って放射能汚染の深刻な実態調査をしてくれました。その模様が、七沢潔ディレクター制作のドキュメントとして、五月一五日のNHK教育テレビ「ETV特集」で放映されましたね。

一九五四年のビキニ事件以来、放射線観測の第一線に立ち続けてきた元理化学研究所の岡野眞治博士の全面的な協力のもと、世界唯一の測定器を持って三〇〇〇キロを走破し、事故直後の戦慄すべき線量と、ホットスポットを発見して、そこに人が残されていたことが明らかになった。木村さんが、放射線医学を専門とする科学者のネットワークと連係し、震災の三日後から二ヶ月にわたって放射能の測定をおこない、汚染地図を作成してきた姿に感動しました。福島市で子供を襲う汚染された校庭と、隠された国のデータも明らかにされた。人だけでなく、新しく芽を吹いた野草、愛犬や猫、生まれたばかりの馬、人生をかけて三万羽の鶏を飼う養鶏場が全滅した悲惨な光景。このように罪のない生き物たちが、人間がいなくなったあと、汚染した場所に取り残されていたのを見るのがつらかった。日本政府の過小評価で、安全な場所に逃げたつもりの人たちが、実は危険なホットスポットに避難していたことを知らされたショックは大変なものだった。これは悪質な人災以外の何ものでもない。避難する飼い主を追いかけてくる犬の姿が遠くなる最後の場面では、涙が止まらなかった。
　こうした真剣な科学者たちに対抗して、悪質な自称専門家が、現在は「クリアランス分科会」という組織をつくって、今度の福島原発事故の汚染水処理にも関係して、放射能汚染水を濃縮してドラム缶詰めする処理などを考えている。クリアランスというのは、とんでもなく危険な放射能を「これ以下は安全」とスソ切りをして流してしまうことです。原子力安全専門部会と連絡を取り合い、次々つながっていって、そのすべての元締めが原子力安全委員会。そういう構造になっています。

明石　早い話、この「クリアランス制度」を導入することによって、放射能ゴミの一部を一般ゴミとして捨ててしまうか、資源として再利用する形で「放射能ゴミ」でないことにしてしまおうと彼らは画策しているわけですね。それこそ、このままだとリサイクルに回されて見た目が変った「元・放射能ゴミ」が、気がつかないうちにドシドシ一般家庭の中にまで入り込んでくる恐れがあります。「クリアランス制度」など導入されなければ、こんなことはそもそもありえない話だったのです。なので僕もこの「クリアランス制度」は、かなり危険を孕《はら》んでいると捉えています。ともかく「原子力シンジケート」の繁栄のためであれば、日本国民がどれだけ危険にさらされようとかまわないとでもアイソトープ協会では考えているのでしょうね。

広瀬　そうだよ。原子力安全委員会をバックに日本アイソトープ協会の連中が今何をやっているかというと、高レベル放射性廃棄物の、最終処分場探しだ。国が任命している原子力災害専門家グループの長瀧重信と佐々木康人、二人とも日本アイソトープ協会の常務理事をやっているけれど、この協会がすべての元凶ですよ。先ほど話したＮＵＭＯ、高レベルの核燃料廃棄物処分をやっている原子力発電環境整備機構を調べていくと、みんなここにつながっていく。

明石　「福島の放射能汚染水を六ヶ所再処理工場へ持って行けばいい」と主張している輩《やから》がいるとの話を耳にしたのですが、これまでの〝前科〟から類推すれば、こういうことを言い出しそうな御用機関の筆頭に挙げられるのが、日本アイソトープ協会とかＮＵＭＯであり、ここに関わる人たちなんでしょうね。

広瀬　まず間違いないでしょう。私は最終処分地候補になっている岡山県の人形峠の人々と反対運動をずっとやってきたから、どういう構造で動いているのか分ります。表に出てくるのは産業技術総合研究所（産総研）だが、その理事長が日本アイソトープ協会の会長になって、産総研が高レベル処分のためのボーリング試験などに乗り出してくる。こうした人間たちが一蓮托生《いちれんたくしょう》で、国が最終処分場として狙《ねら》っている岡山の人形峠、岐阜県の東濃鉱山、北海道幌延《ほろのべ》などの住人を懐柔しようとたくらんでいるわけです。

明石　なるほど。メディアに出てきて「放射能は安全だ、健康に被害はない」と言ってきたのは、みんなその流れを汲《く》む御用学者だったということでしょうか。

広瀬　そうです。そして今現在でも原子力政策の実権を握って、国の責任をすべてもみ消しているのですよ。そういう構造を知っておかないと、テレビに出てくるのはちゃんとした専門家だ、と思ってしまう。日本人がそういう歴史を知らないままメディアに流されていることが、私たち高齢者にはとてもこわいのです。

明石　少し落ちついて考えてみれば、「学者」を名乗っているくせに「プルトニウムは食べても体外に排出されるから安全」「放射能は少しならむしろ体にいい」などと叫び出しているあたりに、彼らの動揺のほどがうかがえるわけです。そこをきちんと見抜いている若い世代の方々が相当多いことは、せめてもの救いですね。

広瀬　国民にそんな安全論を流布《るふ》しているくせに、実情はどうかといえば、福島県の子供たちは「公園で一時間しか遊んではいけない」とか、さまざまな規制をされているではないですか。表面に放射能が付着した砂が風で飛ぶからと、砂場にはビニールシートがかけられて立ち入り禁止になっている。そんな危険な公園で親が子供たちを遊ばせるかと言えば、誰もしませんよ。当たり前です。親には子供を守る義務があるからね。

事故以来、連日のように福島の人たちから私のところにメールが来るのですよ。「県は子供の命を守ることを放棄したようです。市民の目覚めだけが望み。あらためてわかりました」「私たちは国から見捨てられました。これは殺人です」と、多くの人たちが不安で戦々恐々としています。それなのに、さきほどの神谷研二や山下俊一が福島県の放射線健康リスク管理アドバイザーに就任して、「二〇キロ圏外は通常通り授業をしても安全」と宣言している。エセ学者を当てにしてはいけません。親が自力で子供を守らなきゃいけない。

天災と人災で二重の被害に苦しんでいる人たちのことを思うと、私はハラワタが煮えくり返る思いです。

耐震基準をねじ曲げた〝活断層カッター〟

明石 福島の人たちが今、そんな思いをしながら生きていかなければならない根本的な原因をつくった「専門家」もいます。国の安全審査を骨抜きにし、原発の耐震性や安全性を等閑《なおざり》にした人物、それが〝活断層カッター〟の異名を持つ衣笠善博（前出）です。彼が〝活断層カッター〟といわれる由来ですが、原発建設予定地にある活断層を意図的に「過小評価」して、耐震設計にコストをかけずにすむよう、電力会社に有利な審査をするところから、そう呼ばれるようになったのです。

広瀬 私もこの男の性格はよく知っていたけれど、明石さんが『原発崩壊』を書いて、衣笠の前科をすべて暴いてくれたので、日本の原発全体が危ないということに気づかされた。どんなに長い活断層があろうとそれを「過小評価」して問題ないものとして、保安院や原子力安全委員会と組んで平気でゴーサインを出してきた。福島第一、第二原発の近くにある双葉断層も、衣笠が「問題なし」としてゴーサインを出した。きっと今は素知らぬ顔をして、ほとぼりが冷めるのを待っているのだろう。

明石　でも、今回の大地震では、国が「活断層ではない」と判定していた原発近くの断層も本震や余震で動いています。例えば、福島第一原発と第二原発から南に四〇～五〇キロの福島県いわき市にある「湯ノ岳断層」などです。こういったものに保安院や衣笠は「一二万～一三万年前以降の活動はない」として、活断層ではないとのお墨付きを与えていた。そしてなにより、東日本大震災を引き起こした海底断層のことを、衣笠はまったく考慮できなかった。彼は海底断層に関しても「権威」として振舞っていたのですよ。

僕は『原発崩壊』を書くに当たって、衣笠と彼の周辺を相当厳しく取材したのですが、驚いたのは電力関係者の間で「衣笠詣《もう》で」なる言葉があったことですね。もう、神様か仏様扱いですよ。この「衣笠詣で」という言葉で、いかに彼が絶対的な権力者として電力会社に君臨してきたかが分ります。

たとえば、島根原発二号機が運転開始した一九八九年頃まで、「近くには原発の耐震性に影響を与えるような活断層はない」と言っていた中国電力が、一九九八年に突如、「原発から二キロ離れたところに八キロの長さの活断層があった」と言い出した。その背景にあるのが、国の定めた当時の耐震設計審査基準です。一〇キロの活断層が引き起こす地震のマグニチュードは六・五とされ、それに耐えられるよう耐震設計をしなさい、ということになっていた。つまり八キロとされた活断層は、その基準内に収まっているから問題ないというわけです。実はその発表の裏で電力会社にそう言うように入れ知恵をしていたのが、保安院側で耐震審査に当たっていた〝活断層カッター〟だったのです。

呆れたことに、衣笠は中国電力に技術指導をする一方で、原子力安全・保安院で審査する委員も兼ねていたのですよ。

広瀬　許可を申請する側と、それを審査する側の両方を同じ人物が兼ねる。原子力マフィアによくある話だけれど、衣笠の場合はとくに露骨だね。電力会社に都合よく、安全審査に通る基準で活断層をちょん切っちゃう。

明石　ええ。しかし、この取材でお世話になった広島工業大学の中田高《たかし》教授（現・広島大学名誉教授。自然地理学・地形学）のチームが、島根の同じ場所でトレンチ掘削調査をおこなったところ、この活断層が一八キロにも及ぶことが分ったのです。最終的に、この活断層は二〇キロを超えていることが確認されています。ところが、こうした調査結果は国の規制当局である保安院からも原子力安全委員会からも完全に無視され、二〇〇五年四月、島根原発三号機の建設にゴーサインが出てしまった。

広瀬　安全審査をする側の保安院も原子力安全委員会も、みんなグルだからね。

明石　当時、安全委員会の「耐震指針検討分科会」委員をしていた神戸大の石橋克彦教授は、お手盛りであまりに無責任な審査の実態に激怒して、二〇〇六年に委員を辞任しました。石橋教授は「原子力における活断層研究の世界は異常だ。非常に特殊なごく一部の人が牛耳っている。電力側と審査側の両方に同じ少数の専門家が深く関わっているという、信じがたいことがまかり通っている」と僕にもおっしゃっていました。むろん、衣笠を指してのことです。

広瀬　もちろん、石橋先生の参加を悪用して、あたかも正しい議論がおこなわれたかのように演出しようとしたのが原子力安全委員会の意図だが、石橋先生のような良識を持った信頼できる専門家がどんどん離れていくのは、逆の意味でこわいことだね。彼らの思い通りにことが進んでしまう。

明石　衣笠の取材を続けていったら、島根原発だけでなく、それはもうあちこちで活断層をカットした「過小評価」をしていたことが明らかになったのですよ。北陸電力の志賀原発でも、「能登半島の沖合で確認されたのは、短い三本の活断層だ」と結論付けてゴーサインを出した。その根拠となったのは、衣笠と北陸電力社員らでまとめた研究論文なのです。ところが二〇〇七年に発生した能登半島地震によって、そのデタラメがバレてしまう。地震後の調査で、この活断層は独立した短い三本ではなく、じつはすべてが一本につながっていて、その長さは実に一八キロ以上にも及んでいたことが判明したのですね。しかし、衣笠は以前書いた論文のことにはまったく触れず、そのまま頬かむりです。

かつて衣笠は僕の取材に対し、活断層の評価が「甘かった」と言い訳していました。でも、その「甘かった」積分の結果がフクシマ原発震災なのですよ。

広瀬　大量のプルトニウムを集めている青森県六ヶ所村の再処理工場の敷地内を走る二本の活断層も、一九八八年当時、通産省の工業技術院・地質調査所（現・産業技術総合研究所）技官で地震地質課長だった衣笠が、知って隠していた事実もある。これは内部告発によって明らかになったことです。何度も言いますが、六ヶ所村に原発震災が起こったら福島どころの話じゃない。日本全土、世界が汚染される大災害になる。それをあんなゆるい耐震基準でゴーサインを出してしまったのだから〝活断層カッター〟以外のなにものでもない。
　このとき衣笠の上に立っていたのが、所長だった垣見俊弘だ。ほとんどすべての電力会社の原発立地に関わり、原子力委員会の原子炉安全専門審査会の委員や通産省の顧問をつとめ、全国で「〝地質は安全〟の保証人」と批判されてきた人物です。衣笠はその垣見と一緒に、柏崎刈羽原発の断層についての安全審査に関わって、東京電力が活断層を無視していることを放任していた。これが、新潟県中越沖地震で大事故につながったのだ。

明石　柏崎刈羽原発は、二〇〇七年七月一六日に起こったマグニチュード六・八の中越沖地震で被災して、三号機では火災まで起こっています。僕も事故後三日目に取材で現地に乗り込んだのですが、現場を見てゾッとしました。運よく暴走事故にまでつながらなかったからよかったものの、もしチェルノブイリのような暴走事故にまで至っていたら……。

広瀬　ひどい事故だった。あれが福島第一メルトダウンの予行演習だ。二〇〇四年にもマグニチュード六・八の新潟県中越地震が内陸で起こっていますが、あの時、観測史上最大の二五一五ガルを記録した大地震でも、柏崎刈羽原発はタカをくって運転を止めなかった。三年後の二〇〇七年の中越沖地震は内陸ではなく海側で、震源が原発からわずか二三キロという近くだったので、発電所を直撃したわけです。この時、三号機タービン建屋では二〇五八ガルの揺れを観測しています。浜岡原発の耐震性は一〇〇〇ガルだと威張っているけれど、二〇〇〇ガルだよ。そのために、原発敷地内の地盤はあちこちで隆起や陥没を起こして、変圧器から約一〇〇メートル離れたところで最大一・六メートルも陥没している。これが三号機の変圧器火災を引き起こした。

明石　消火活動も、もたついたのです。原発に配備されていた自前の消防隊では消火できず、地元の消防に応援を頼み、やっと消すことができたのです。東電は当初、まるで自力で消火したかのようにマスコミに説明していましたが、実態はこうなのですね。助けてくれた地元の消防隊員は、被災当日、非番だったのだそうです。本当に危機一髪でした。

広瀬　衣笠が主導して、どれだけの活断層を無視したり過小評価したりしてきたか、明石さんが執念で調べ上げた結果を、ここに列挙してみましょう。青森県の六ヶ所村を入れれば、ほぼ日本列島全土に及んでいます。

・福島県・双葉断層／会津盆地西縁断層（福島第一原発・福島第二原発）

・福井県・柳ヶ瀬断層／福井平野東縁断層（敦賀原発・美浜《みはま》原発・高浜原発・大飯《おおい》原発・もんじゅ）
・静岡県・富士川河口断層（浜岡原発）
・中央構造線（伊方原発）
・鹿児島湾西縁断層／出水《いずみ》断層（川内《せんだい》原発）
・新潟県内の断層（柏崎刈羽原発）
・能登半島沖合の海底活断層（志賀原発）
・島根県内の断層（島根原発）

明石　このすべてが「過小評価」ではないかとして、今問題になっているのです。しかし、なぜか原子力安全委員会も保安院も衣笠には甘いのですよ。二〇〇八年、事故を起こした柏崎刈羽原発の安全性を議論するために新潟県の技術検討小委員会「地震、地質・地盤に関する小委員会」ができるのですが、驚いたことに、その委員として衣笠が入っているのです。二〇〇七年一二月一一日におこなわれた住民説明会では、「学問は進歩するのだから、過去と現在の断層評価が異なるのは当然だ」と開き直って、自分を正当化していました。

広瀬　この衣笠と組んで、中越沖地震でガタガタになった柏崎刈羽原発を一年後に運転再開させようとしたのが、当時「中越沖地震における原子力施設に関する調査・対策委員会」の委員長になった班目春樹です。事故現場の写真を見ていないと平気でコメントしたうえで、柏崎安全論を繰り返した。

明石　そうして、地震で建屋ごと傾き、二度と動かしてはならない柏崎刈羽原発の運転を再開させてしまった。活断層や震源域の真上に建つ「もんじゅ」や浜岡原発も、一触即発の危険をはらんでいます。そして今、地震と津波で破壊された福島第一原発は、福島県民に想像を絶するほどの苦難を与え続けている。

広瀬　とてつもない事故が今ここで起こっているというのに、彼らは電力マネーとポスト維持のために「あり得ない安全」を振りまいてきた。国民を守る意識などこれっぽっちもないことは、明々白々でしょう。自分が許認可に関わった原発をすべて今すぐ止めて、はっきりと責任を取るべきだろう。

明石　『原発崩壊』の中でも書いたのですが、電力各社には被害者的な側面もあるのですね。〝活断層カッター〟衣笠は安全審査をないがしろにしているわけですから、衣笠を使い続けることは国民のためにならないばかりか、電力会社や国のためにもならない。

今回の事故で、国は莫大な額の税金を注ぎ込むことになるのは確実です。東電に至っては、衣笠を信じたばかりに、福島第一の六基すべてが廃炉にされるばかりか、会社そのものが消滅しかねないほどの事態にまで追い込まれている。衣笠に媚《こ》びてきた他の電力会社も「明日はわが身か」と気が気でないでしょう。

電力会社は衣笠になぜ媚びへつらってきたのかというと、規制当局である原子力安全・保安院が衣笠を重用しているからなのです。そして保安院は、福島でこれだけの大惨事を招いた衣笠を、今後も「御用学者」として使い続けるつもりでいる。常識的に考えれば、衣笠の学者生命はフクシマ原発震災とともに終りです。しかし、そうならないかもしれない。異常と言うほかありません。

第三章　私たちが知るべきこと、考えるべきこと

監視の眼を怠るな

広瀬　政府や東電や、彼らに飼われている御用学者たちが、いかに大嘘を垂れ流して原発の利権を貪ってきたか、読者にお分りいただけたと思う。これはほんの一部、ほかにもまだ糾弾したい輩がたくさんいますので、読者の皆さんは、これから連中のつく嘘と詭弁《きべん》を、目を見開いてしっかりと監視しながら、自分の身を守ってゆく必要があります。

では今、彼らは何をしようとしているのか。政府は復興税だ、消費税だと言って増税をたくらみ、東電は東電で、電気料金値上げで福島事故の補償金や賠償金を国民に払わせようとしている。お人好しの国民は「東北が少しでも早く復興するのなら仕方がない」と、増税も電気料金値上げもやむなしという声が多数を占めているらしいが、それは言語道断で、許されることではない。被害者である国民が、加害者である東電が払うべきカネを支払う道理など、金輪際あってはならない。法治国家で、こんなことは絶対許してはならない。

明石　官や業が国民に負担を押しつけようとしている企ては、すでに見え見えです。財務省はいわば「財政原理主義」で凝り固まっていますから、いかに国難の時であっても、一度手にしたカネをなかなか手放そうとしない。企業が内部留保金を崩そうとしない心理と同じです。

広瀬　増税や電気料金値上げを絶対許さないというメッセージを、ここで国民が強く打ち出さなければまた元《もと》の木阿弥《もくあみ》になる。なぜそれを強く言うかといえば、電力自由化が始まった現在も電力会社の地域独占がまかり通っているのは、天下り官僚、とりわけ経済産業省の役人が電力会社の飼い犬になっているからです。その結果、電力会社が送電線の利権を握って高額の送電線利用料をほかの産業に押しつけ、独立系発電事業者（IPP＝Independent Power Producer）の自由な売電を阻止して、結局、被害を受けているのが日本の企業と国民だからです。接待や天下りは、ただの金銭上の問題ではなく、国民生活に直接、多大な損害を与えるから深刻なのです。彼らは国民をだますためには何でもやります。エネルギー問題を真剣に考えるなら、社会悪である独占利権を擁護してはいけない。国民は叙情的にならず、将来の子供たちのことを考えて、目の前にある物事の本質をしっかりと見なければいけません。

明石　日本では電気事業法によって、発電にかかるコストはすべて電気料金に上乗せできることになっています。それを「総括原価方式」と言います。今後、今回の事故による処理費用や賠償費用までも発電コストに上乗せされ、「世界一高い電気料金」がさらに高額になる可能性がある。

さらに、被曝させられた上に自宅をも奪われた人たちが数万人もいる。事故によって彼らの家の資産価値はゼロにさせられたのです。高濃度の放射能で汚染された家を買ってくれる人などいませんし、その家や土地を担保にしてお金を借りることもできません。加えて、「夏こそ電力が不足する」などと、僕らは脅され続けてきた。そんなヤクザまがいの会社に今後も頼り続けていていいのか、今こそ考えるべき時だと思いますね。

読者の皆さんの理解のため、敢《あ》えて逆説的な言い方をさせてください。原発にはバカらしいほどのコストがかかるのだということを日本国民全体で具体的に確認し、思い知るいい機会だとして、敢えて値上げさせる、という考え方もあると思うのです。事故処理の原資が税金であろうと電気料金であろうと、結果的に負担を強いられるのは私たち一人ひとりの国民であることに変りはありません。ならばいっそのこと、事態がより明確になる

「電気料金」で負担してはどうかと。

税金で賠償費用や事故費用を賄った場合は、東電の責任がウヤムヤにされます。一方、世界一高い電気料金がこの事故によってさらに高くなれば、嫌でも東電の責任や原発のコストに世間の関心が向く。コストの面、すなわち経済原則の面からも脱原発を進めていくということですね。この機会に「原発と御用学者たちのおかげで電気料金が上がったのだ」と国民が知ることの意味は、決して小さくないと思うのです。そうした〝ショック療法〟を経た上であれば、広瀬さんのいう「独占利権」の問題にも必然的に国民の批判の眼が向くようになる。

僕たちが声を大にして批判しても、増税や電気料金の値上げが強行されるかもしれません。たとえそうなったとしても、ズルをしてきた連中がまかり間違っても生き残る道がないよう、完全に息の根を止めるための知恵を編み出したいと思っています。

それを踏まえて今、僕が気になっているのは、被災地である東北選出の政治家たちの動向なのですね。家族を亡くした国会議員が被災地救援で奮闘していることは知っています。でも、いわゆる「大物政治家」の姿がなかなか見えてこないわけです。民主党で言えば、もともとは自民党で原発政策を推進し、福島や青森に核施設を建ててきた小沢一郎（岩手四区）、渡部恒三《わたなべこうぞう》（福島四区）といった人たちです。彼らが原発推進に協力してきたことで一銭の利得も得ていないとは言わせません。

小沢一郎が、自民党幹事長時代に剛腕を振るわなければ、六ヶ所村の核燃サイクル基地は建ちませんでした。核燃基地建設の是非が最大の争点となり、事実上の「天下分け目の戦い」となった一九九一年の青森県知事選の時、小沢が青森に乗り込み、敗色濃厚だった核燃推進派の現職知事陣営にテコ入れをし、すさまじいまでの締め付けをしたことで形勢を逆転させた。僕はこのことを決して忘れません。

渡部恒三もまた、自民党時代に原発を福島に担ぎこんだ張本人です。一九八〇年四月八日の衆院商工委員会で質問に立った渡部は、「政府は、原子力は安全であるということを国民にもっと知っていただかなくちゃならない」と冒頭で語った後、こう発言している。

「原子力発電所の事故で死んだ人は地球にいないのです。ところが自動車事故でどのくらい死んでいますか。人の命に危険なものは絶対やっちゃいかんという原則になれば自動車も飛行機も直ちに生産を中止しろということになる」

それに加え、「週刊文春」四月七日号でスッパ抜かれていましたが、一九八四年一月五日、日本原子力産業会議（原産会議。現・日本原子力産業協会）の新年名刺交換会の席上、当時厚生大臣だった渡部はこんなことを語っていたというのです。

「私はエネルギー問題を解決する最大の課題は原発の建設であるとの政治哲学を持っている」「福島県には日本の原発の三〇％近くがあるが、そこで育って暮らしているこの私がこの通り元気一杯なのだから、原子力発電所を作れば作るほど、国民の健康は増進、長生きし、厚生行政は成功していくのではないかと思う」

その同じ渡部が、福島原発事故発生後の四月二九日の衆院予算委員会で、トップバッターで質問に立ち、目を潤ませ、肩を震わせながらこう語りました。

「もちろん、責任は東電です。この四〇年間、あの原子力発電にあぐらをかいてきた東電です。徹底的に東電の責任は追及しなければなりません。しかし、（福島の）地域の人たちは、東電に協力したんじゃありません。国策だから、国民のために大事だからといって協力してきたんです。そして、その原発地域の皆さんが今どんな生活をしているか。

私は、休みのとき、あの関係の地域の人にお目にかかると涙が止まらない。しかし、四五年間、国のために頑張ってこられた人が、今、妻を失い、かわいい子供を失い、今日の生活、今日の生活どうしようかと、本当に苦しい立場にあるんです」

　誰がそうしたのですか？　「政治哲学」はどこにいったのですか。地震に見舞われ、津波が押し寄せる福島に原発なんかをつくってしまって申し訳ないと、ここで陳謝するのなら納得がいきます。ところが、自らの責任には一切触れようとしない。

　彼はこの質問の冒頭で、「この一〇〇〇年に一度といわれる災害で尊い命を失った皆さんの霊に手を合わせて、お祈り、お詫び申し上げたいと思います」とも言っています。深読みすれば、これが彼一流の「お詫び」の仕方なのかもしれませんが、なんでお詫びしているのか意味がさっぱり分りません。まるで自然災害が起こったことについて詫びているかのようにも受け取れます。地震や津波は自分が起こしたと思っているのでしょうか？

次回、国会で質問に立つ際には、もう少し分りやすく謝罪していただきたいものですね。それも、福島県民に対してだけでなく、全国民に対して謝罪していただくのがいいかと思います。

広瀬　まさに「がんばれ、ニッポン」という子供だましのスローガンで、泣き落としから脅しまで使って、連中は利権システムを死守しようとしている。実際、原発震災直後に、政府は東電と組んで「電力が足りなくなる」と国民を脅して無意味で差別的な計画停電を実施した。あとで詳しく述べますが、あれはあきらかに「原発が稼働しないと電気がなくなるぞ」と国民を脅して誘導するプロパガンダでした。海江田万里経産相が出て来て「このままでは大停電が起こって、都市機能が麻痺《まひ》する」と国民に節電を呼びかけたが、あんなことは大嘘です。原発以外の電気の供給をいかに増やすかが、国民を守る政治家としての海江田の本来の仕事であるのに、そんな能力もなく、東電のスポークスマンと化していた。恥ずべきことです。

非難の矛先をそらすための計画停電と、「原発を停止したら、停電生活になるぞ」というネガティブ・キャンペーンが見事功を奏して、事情を知らされない国民の半数近くがまだ「原発の現状維持は必要」とアンケートで答えている。

明石　新聞が実施するそうしたアンケート調査にも、僕は疑問を感じるのです。

震災と原発事故の発生からほどなくして、読売、東京の二社が世論調査をしています。基本的には菅内閣の支持率を調べる体裁を取りながら、ちゃっかり原発のことも訊ねているのですね。「読売新聞」（四月三日）では、国内の原発に関しては「現状維持」が四六％で最多だった、とある。「東京新聞」（三月一九日）も、東京都内の有権者を対象にした緊急世論調査の結果を報じていますが、「国内にある原発は今後、どうすべきだと思うか」との問いに、「運転しながら安全対策を強化していく」が五六・二％と半数を超えています。それができないから大事故が起こったというのに、です。「いったん止め、対応を検討する」は二五・二％、「やめて、別の発電方法をとる」は一四・一％でした。

この「新聞世論調査」記事から伝わってくるメッセージは「事故が起こっても原発は必要」という以外の何ものでもありません。事故が収束もしていないうちからこんなアンケートを取ることに、いったい何の意味があるというのでしょう。

広瀬さんの言うとおり、「計画停電」という脅しが効いている最中だから、こうした結果になったのです。つまり、アンケートを投げかける段階で「世論」にはバイアスがかかっていた。しかも、事故発生からまだ一ヶ月程度の段階では、冷静な判断を下すために重要な材料となる「東電とその原発事故がもたらした被害の全貌」に関する情報が全然出揃っていない。このアンケートを取った時点では、福島の土壌や海や地下水からストロンチウムが検出されたことも、飯舘村がその後、全村避難に追い込まれていくことも、何の罪もない牛たちが殺されていくことも、コウナゴが放射能で高濃度の汚染に晒《さら》されていることも、福島の子供たちが「年間二〇ミリシーベルト」の被曝を強要されることも、そして今回の事故が「レベル7」であることも、何も報じられていないわけです。

そんな情報が報じられるようになった今の時点で同じアンケートを取ったとすれば、果たして同様の結果が出るでしょうか？　是非、今こそ「世論調査」を実施して欲しいものです。[*1]　皆がまだ、本当のことに気づいていない間のドサクサに紛れて調査をおこない、「原発が必要」という〝世論〟を演出したいために書かれた記事にすぎません。だから、この手の「世論調査」結果などに真面目に付き合う必要はありません。世論調査の結果が自分の感覚とはあまりにもかけ離れていることに違和感を覚えた読者もきっと多いことと思います。

この「東京新聞」の世論調査記事が出た頃、たまたま同じ新聞社から僕に原稿の執筆依頼が来ていたんですね。「福島事故に関することなら何を書いてもいい」と言われていたので、いっそのこと、この話を書いてやろうかと思ったほど、腹立たしさを覚えました。

世論調査はもう少し慎重におこなうべきです。メディアの中には、アンケートで出た数字を振りかざし、政治家たちに「いったいどうするのですか」と迫るところがありますが、僕に言わせれば茶番です。

＊1　「朝日新聞」が六月一一、一二日に実施した全国世論調査によると、「原子力発電を段階的に減らして将来はやめる」ことに七四％が賛成。反対は一四％だった。また、原子力発電の利用に賛成という人（全体の三七％）でも、そのうち六割あまりが「段階的に減らして将来はやめる」に賛成と答えた。

広瀬　これまで正しい電力事情を調べてこなかったマスコミには、驚きます。彼らは、電力会社の言い分だけを聞いて「電力不足」を煽り、産業と一般庶民に要らぬパニックを煽ってきた。これでは、いかにして原発を延命させるかに腐心しているのが、テレビや新聞などマスメディアだと批判されても仕方ないでしょう。民主党政権もそうです。浜岡原発を一時的に止めたことは強く支持しますが、本気で「国民の安全を考えて」決断したとは思えません。運転を停止しただけでは意味がないからです。廃炉にして、燃料棒を取り出して浜岡原発から搬出しなければ危険性が去らないことは、福島第一原発で、運転停止中の四号機が爆発した事実が証明したではないですか。菅直人が原発事故というものをまだ理解していないのであれば、大変なことです。

明石　石原茂雄・御前崎市長は寝耳に水だったようで、交付金はどうなる、約束が違うと怒りまくっていましたね。一方、差し止め訴訟の原告弁護団長、河合弘之弁護士は政府の決定を「歴史的な大英断だ」と評価し、「毎日新聞」(五月六日)の取材に「福島原発事故が発生して、対応しきれない恐怖を味わったことが決断につながったのではないか。福島を制圧できていない今、仮に浜岡原発でも事故が発生したら、東京は挟み撃ちになる。その恐ろしさを想定したのではないか」とコメントを寄せています。実は僕も「週刊朝日」からコメントを求められ、「菅首相の停止要請は勇気ある英断だと思います。これまで指導力を発揮して何かをやったことは、一度もなかったと思います。彼は首相になってはじめて、首相らしい仕事をしたのではないでしょうか」とコメントしました。

いくら世論操作を試みようとしても、今や心ある国民の大多数が「東海大地震が怖い」

「浜岡は大丈夫か」という認識を持ち、それが世論となっています。

広瀬　しかし、運転停止で安心してはいけない。これで国民が「廃炉」と勘違いすれば、中部電力が防潮堤か防波壁の建設に大金を投じて、まったく対策になり得ないものがあたかも対策であるかのように既成事実ができてしまい、浜岡原発の延命が保証されてしまう。

明石　ええ。政府はとりあえず浜岡の停止は「中長期的に対策が立てられるまでの間」と言っていますが、そこでうやむやにされるのが一番怖い。柏崎刈羽の時のような無謀な運転再開をさせてはいけないと僕も思います。河合弁護士も「浜岡は全基廃炉にするべき」と訴えていますが、それを国民の世論にしていかないといけないですね。[*2]

＊2　五月二七日、浜岡原発の周辺住民が、同原発3～5号機の運転永久停止（廃炉）を求める訴訟を静岡地裁浜松支部に起こした。廃炉を求める訴訟は全国初。

広瀬　そう、民主党が、「浜岡停止」で国民に安全アピールしている裏で、自民党内で「原発維持」に向けた動きが始まっているので、この厚顔《こうがん》無恥《むち》に呆れる。原発推進派の議員が集まり、「エネルギー政策合同会議」なる新しい政策会議を発足させている。電力需給対策だのエネルギー戦略だのと言っているが、要は「原発を守る会」だ。長いこと原発を国策として進めてきたのは自民党ですからね。委員長は元経産相の甘利《あまり》明、メンバーは旧通産省出身の細田博之元官房長官、西村康稔《やすとし》衆院議員らで、そこに元東電副社長で現在は東電顧問の加納時男が「参与」としてかんでいる。

明石　河野太郎が異議を唱えたけれど、完全に無視されたようですね。

広瀬　加納時男とは、昔対談したことがあるけれど、あれは国会議員ではなく、電力会社の代表として業界から送りこまれた男で、現在でも東京電力役員と言っていい。そういうロビイストが国会を動かしている。骨の髄まで原発利権につかって、福島事故の反省などこれっぽっちもない。「朝日新聞」(五月五日)のインタビューで、「原子力を選択したことは間違っていなかった」ときっぱり言い切っている。そして、今後の原発の新設を聞かれて「新増設なしでエネルギーの安定的確保ができるのか。二酸化炭素排出抑制の対策ができるのか。天然ガスや石油を海外から購入する際も、原発があることで有利に交渉できる。原子力の選択肢を放棄すべきではない」として、福島第一の五号機、六号機も捨てずに残せと言っている。こうした非常識が、国民の憤激を買っているというのに。

さらに、「東電をつぶしたら株主の資産が減ってしまう」、「原子力損害賠償法には『損害が異常に巨大な天災地変によって生じたときはこの限りではない』という免責条項もある」と、賠償逃れまでヌケヌケとしゃべっている。この男は死ぬまで目が覚めない奴だ。さらに「低線量の放射線はむしろ体にいい」とは、さすが東電顧問だ。

明石　ならば、原発におけるそれまでの「放射線管理」はいったい何だったのでしょうね。「五重の壁」うんぬんのPRを自ら否定しています。ネットでは「A級戦犯だ」と叩かれているみたいですが、そんな批判は屁《へ》とも思わないでしょうけど。「東電をつぶしたら株主の資産が減る」とも言っていますが、東京電力の株主たちが四〇〇人くらい、東北電力の株主たちが二〇〇人くらい結束して「原発をやめよう」と株主総会で提案しました。もう時代は変りつつあるのです。ほかの株主からもそうした提案が各電力会社に対してされるのではないですか。それに、「異常に巨大な天災地変」による事故だから損害賠償は免責だという言い訳も通りません。加納は曲解しているようですが、今回の事故は明らかな「人災」なのです。きっちり責任を取ってもらいましょう。政府と東電で責任を押し付け合って、醜い賠償責任逃れをやっている場合ではありません。

広瀬　私は東京電力の株が紙切れ同然になることを願っています。東電の原発推進政策を変えさせるために、私自身も東電株を持っているからそう言うのですよ。

世論操作を見ていると、これからも原発を維持しようとする連中の動きが露骨だね。誰もが鋭く監視しなければならないのは、東電が政府と結託して、福島の事故を「安定した」、「もう放射能は大丈夫」と、あたかも事故を収束させたかのような雰囲気にし、国民にニュースを忘却させることだ。あんな根拠のないカラ工程表を国民に示して、六～九ヶ月で事故処理を収めますなどという気休めを国民が信用できるはずがない。清水社長が福島の避難民に土下座しても、まったく謝罪になっていない。

明石　そもそも僕は土下座したくらいで許しはしませんけどね。それに、最近は不祥事のたびに土下座が乱発されすぎで、軽くなった気がしていますし。彼らはテレビカメラがいるところでしか土下座をしませんし、単なるマスコミ向けのパフォーマンスだと見ています。

原発がなくても停電はしない

広瀬　そこで、この章では国民の不安を払拭するためにも、今の日本のエネルギー事情が本当はどうなっているか一つひとつ検証して、電力会社の「原発がなければ停電する」という大嘘を暴いていきたいと思います。「原発がなくても停電はしない」という証明ができれば、夏場の電力不足や停電の脅しに人々が踊らされなくてもすむ。

まず、原発がないと夏場のピークは乗り切れないのかという問題。

慶應義塾大学助教授だった藤田祐幸さんが調べた、日本の発電施設の設備容量（発電能力）と最大電力の推移を示したこのグラフ（二一一ページ）を見てください。棒グラフは、火力、水力、原子力を毎年合計したもので、そこに走っている折れ線グラフがその年の最大電力、つまり一年で最も暑い時期、真夏の午後二〜三時頃に記録される電力消費のピークです。

真夏の短いピーク時でさえ、棒グラフの一番上の原子力がなくても、火力と水力で発電能力は充分に間に合っている。したがって、年間のほとんどの時期は、発電所があり余っ

発電施設の設備容量と最大電力の推移

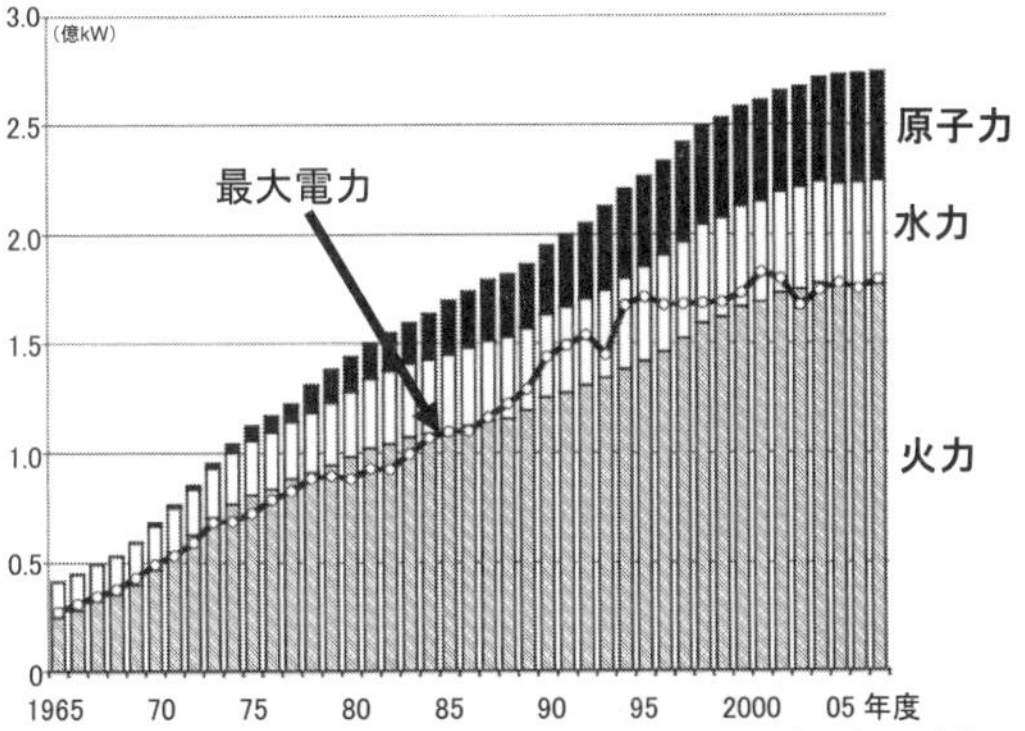

最大電力が火力＋水力の発電能力を超えたことはないので、原発なしでも停電しないことが分る。エネルギー・経済統計要覧（1994年版〜2009年版）より藤田祐幸氏作成。

て遊んでいるのです。しかも過去最高の電力消費のピークは二〇〇一年七月二四日に記録した一億八二六九万キロワットで、それ以後一〇年間、一度もこれを超えていない。それどころか、二〇〇八年度、二〇〇九年度と二年続けて、産業界の落ち込みのため電力消費が激減しています。大震災の影響で今年も産業は落ち込んでいるでしょうから、電力の心配は無用なのです。つまり、原発がなくても電力需要にはまったく影響がない。

明石　原発の欠陥を隠蔽するために東電がデータを改ざんしたことが発覚して、二〇〇三年四月一五日に福島第一・第二原発と柏崎刈羽原発の原子炉一七基がすべて停止する事態に追い込まれた時も、何の問題もなかったのですよね。マスコミは電力危機とか騒いでいましたが、全部の原発が停止してもまったく停電は起こらなかった。今、浜岡原発の全機停止を受けて、中部電力管内の人たちが「計画停電をやられてはたまらない」と文句を言っていますが、皆、電力会社のネガティブ・キャンペーンに乗せられてきたわけです。

広瀬　ただし、われわれがこのことをあまり言わなくても大丈夫なように、世間が変ってきています。東京電力が計画停電を強行し、「原発がないと停電するぞ」という脅しをかけたおかげで、誰も予測しなかった、面白いことが日本全土に起こりつつあるのです。今夏は、大企業が、計画停電などで工場を止めることなどできないと、電力会社依存を脱却しようと軒並み自家発電を始めたので、原発なしでもまったく電力不足にはならないことが実証される状況です。電力会社は、計画停電によって重要な大口ユーザーを失い、墓穴を掘ったようだね。企業が自家発電機を持てば、それが私の望んでいた「分散型電源」になり、理想社会に向かいます。

そもそも、原発がないと停電すると考えることがナンセンスなのです。なぜ、「原発が電力の三分の一を占めている」「原発がないと停電する」といった大嘘を国民も政治家も信じさせられてきたのか。これは、笑い話のような本当の話だが、わが国は、大量の発電能力を持った天然ガス火力の発電所を抱えながら、その稼働率を五～六割に意図的におさえてきたのです。天然ガス火力とは、最もクリーンで、すべての先進国で現在の発電のエース設備なのです。さらに石油火力もある。ところがこちらは驚いたことに、一～二割の稼働率しかない。これらの火力をフル稼働させれば、すべての原発を止めても、ピーク時にまだ二割ぐらいの火力が余ってしまう。これに、ほとんど遊んでいる水力を加えれば、とてつもない発電能力を持っていることになる。

明石　そういう事実をほとんどの国民が知らないと思います。「停電になる」という脅しもありますが、東京を中心とした東電管轄地域の人々は、福島の原発は首都圏や関東で使う電気をつくっていたのだからと、必死で節電に協力しています。

広瀬　真相は、今回の大震災後に東電が計画停電を強行したのは、火力発電所も一時的に被害を受けたからです。津波をかぶっただけでなく、輸送路が途絶えて発電用の燃料搬入に支障が出たせいもあります。だから震災後すぐ「壊れた火力発電所を復旧させれば」何も問題は起こらなかった。原発に比べたら火力発電所の復旧は容易ですからね。部品がこわれたら取り替えるだけで、たちまちトラブルを解消できる。

明石　しかし、震災後の東電の動きを見ていると、とてもそんな速やかな措置を取ったとは思えませんね。むしろ火力発電所の復旧を遅らせた感があります。

広瀬　そうです。火力発電所が復旧すれば、電力供給にはまったく問題がなかったのに、東電がそれを怠ったのです。というのは、既存の火力発電所が復旧できない場合でも、ガス火力の発電所は、ほんの数ヶ月あれば設置可能です。このことは、「ガスエネルギー新聞」（四月六日）で、石井彰さん（エネルギー・環境問題研究所代表）が『『フクシマ後』のエネルギー、『天然ガスの時代』へ」と題して、プロの立場から日本のガス火力の実態を説明しています。タービンをトラックで運べば、場所さえあればどこでも発電できる。日本の発電機メーカーがタービンなどの在庫を切らしていても、ガス火力で世界一のメーカーであるアメリカのGE社に急いで手配すれば、すぐできたことです。原発の重大な事故が起こったら、ただちにガス火力と石油火力をフル稼働しなければならない。それこそが発電のプロである電力会社の唯一の能力じゃないですか。私が社長なら、地震が発生した直後にそうしていたよ。震災から夏場まで四ヶ月もあるのに、それをしなかったのだから、東電は電力会社として完全失格、公益事業者である電気事業者の資格を取り消すべきだ。そのうえ、あろうことか計画停電によって首都圏を混乱させ、多くの企業と市民生活に対して甚大な被害を与えたことは、許しがたい。加えてその後も、福島県にある三八〇万キロワットの巨大な広野《ひろの》火力発電所の復旧のめどが立っているのに、それをひた隠しにしてきた。東電が電力の供給を復活できないなら、電力会社ではない。東京停電と社名を変えるべきだ。

明石　計画停電で真っ暗闇になり、信号機まで消えた街をクルマで走るのは、恐怖以外の何ものでもありませんでした。実際、その間に事故が発生して人も死んでいますし。

国民に「原発がなければ停電する」という嘘を恐怖心とともにすりこむために、故意に火力発電所の復旧を遅らせたのだとすれば、原発の延命のために東電は殺人を犯したも同然です。

広瀬　マスコミも含め、夏場に向けての電力不足を煽るような言辞が世間に流布していましたが、これは発電技術の現状をまったく知らない素人集団によるデマなのです。報道に携わる人たちがデータをきちんと調べていないからです。電力会社の言い分だけを聞いて、

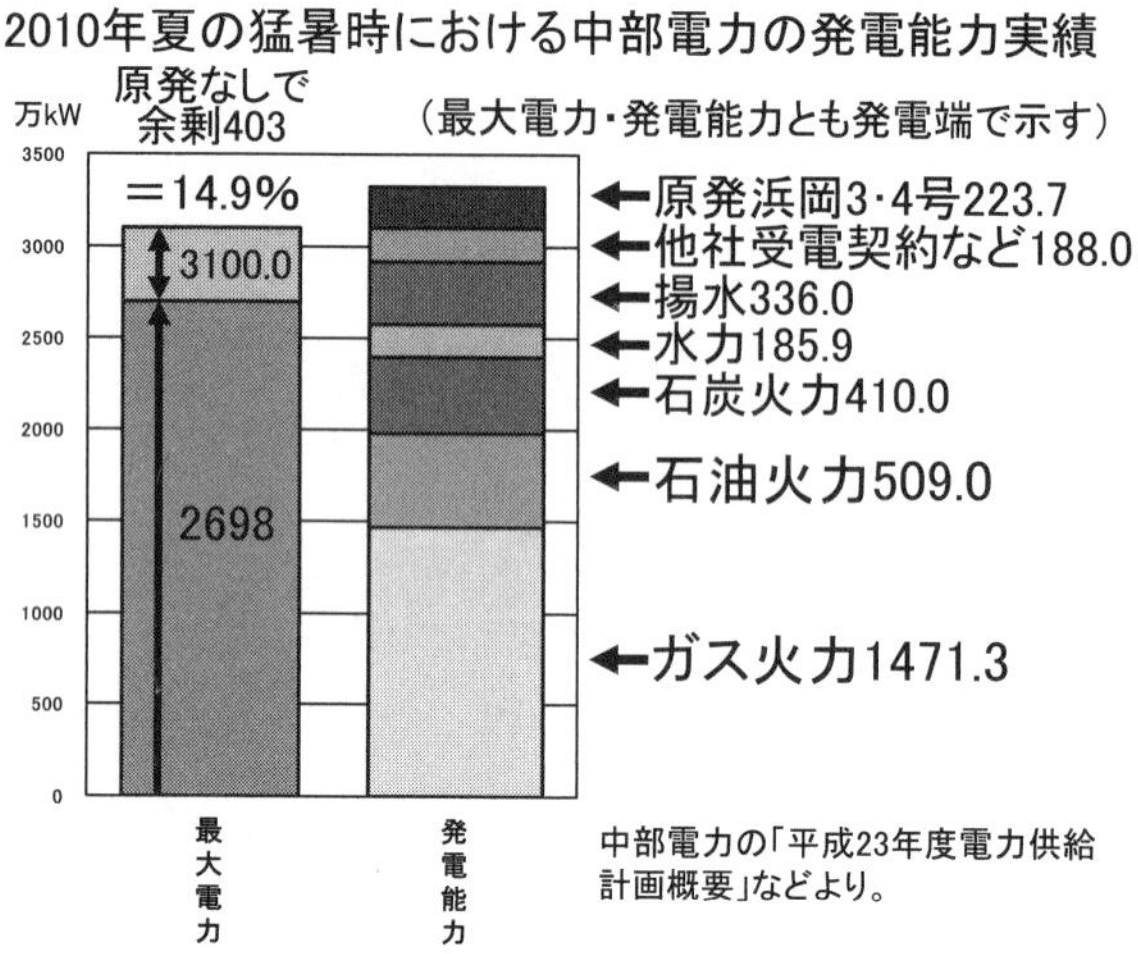
2010年夏の猛暑時における中部電力の発電能力実績
原発なしで
余剰403
=14.9%
万kW
(最大電力・発電能力とも発電端で示す)
3100.0
2698
原発浜岡3・4号223.7
他社受電契約など188.0
揚水336.0
水力185.9
石炭火力410.0
石油火力509.0
ガス火力1471.3
最大電力
発電能力
中部電力の「平成23年度電力供給計画概要」などより。

電力問題の本質を調べたことがないからです。今回の浜岡原発全機停止問題を具体的にみてみましょう。

異常な猛暑を記録した二〇一〇年夏の、中部電力の最大電力と発電能力をグラフに示します。ピーク時の最大電力二六九八万キロワットに対して、発電能力は原発を除いても三一〇一万キロワット。つまり、あの猛暑の時でさえ、浜岡原発なしに四〇三万キロワット（ピーク時の最大電力の約一五％）もの余力があった。

中部電力は福島原発事故のあと、東京電力に七〇万キロワット程度の電力を融通していたが、それを差し引いても今年の夏は余裕をもって乗り切れる。だから何を電力不足で騒ぐのかというのが、私の第一の疑問でした。テレビと新聞が、産業界や庶民に要らぬパニックを煽っているのです。

明石　「放射能パニック」を戒める報道機関が、その一方で「電力不足パニック」を作り出しているというのも……。

広瀬　私が報道記者に言いたいのは、電力会社の発表を鵜呑みにせず実績値を自分たちで調べてみなさいということです。そうすれば、もっとレベルの高い議論ができるはずです。

中部電力が二〇一一年夏のピーク電力を二五六〇万キロワットと予測していることは、昨年の異常気象時の二六九八万キロワットより一三八万キロワット少なく、正しい判断です。あれは、「二酸化炭素による温暖化」なんていう非科学的なストーリーとはまったく関係なく、二〇年に一度ぐらいしかめったに起こらない偏西風の蛇行による猛暑だったからです。電力が不足するかも知れないと言っていたのは、持っている火力を停止していたからです。そのプラントを稼働させるには燃料の手当てだけが必要なので、中電の三田敏雄会長が急遽《きゅうきょ》カタールに飛んだのは、まったく正しい行動です。その手当てがついたので、浜岡停止を決定したわけです。加えて、二〇一二年七月には、中部電力が新潟県に建設中の上越火力発電所が運転を開始するので、最新鋭のＬＮＧ二基二三八万キロワットが加わって、電気があり余るほどになります。ほぼ三六〇万キロワットの浜岡原発の稼働率は五〇％、つまり一八〇万キロワットが精一杯だったので、上越火力だけでお釣りがきます。これは、私が二年前から言ってきた、エネルギー問題の常識ですよ。

独立系発電事業者だけでも電気は足りる

明石　その上、東電や中電などの電力会社だけが電力を供給していると思っている人が多いですが、じつは従来の電力会社以外にも電力を供給できる企業がたくさんあるのですよね。今回も震災と福島の原発事故による電力不足を受けて、素材メーカーや大手商社など、卸電力事業を手がけるＩＰＰが、供給力の引き上げに動いています。昭和電工、住友商事、丸紅の子会社なども発電をフル稼働水準に引き上げて東電の供給力を補完したようです。しかし、今までの実態で言えば、国内のＩＰＰの需要はほとんど伸びていなかった。

広瀬　それこそまさしく電力会社と経済産業省が、電力利権を独占しようとする陰謀です。ＩＰＰは、具体名を挙げたほうが分りやすいでしょう。新日本製鉄、東京ガス、大阪ガス

（ガス&パワー）、荏原製作所、昭和電工、トーメンパワー、日立造船、新日本石油精製と新日本石油（現・JX日鉱日石エネルギー）、日立製作所、出光興産、日本製紙、川崎製鉄（現・JFEスチール）、コスモ石油、宇部興産、住友金属工業、土佐発電（太平洋セメント）、糸魚川発電所（太平洋セメント）、太平洋金属（太平洋エネルギーセンター）、住友大阪セメント、ポリプラスチックス、明海発電、神鋼神戸発電所（神戸製鋼所）、九州石油、双日佐和田火力（双日）、ジェネックス（東亜石油）、三菱レイヨン、三菱電機などの大企業が、合計すれば大量の発電能力を持っている。これらの企業は、もともと自社の工場などで使う発電機を所有して、なおかつそれ以上の発電能力を持っているので、一般にも電力を売ることができる業者なのです。この電力をフルに活用すれば、日本は将来にわたって、停電など一〇〇パーセント起こり得ないのですよ。このことは、経済産業省がまだ通産省だった時代、一九九七年一二月に「電気事業審議会基本政策部会」から中間報告が出された時に判明しました。阪神大震災が起こった一九九五年に卸電力入札制が導入されて、電力会社ではない独立系発電事業者＝民間の電力事業者が持っている潜在的な発電規模が、二一三五万〜三四九五万キロワットあることが明らかになったのですね。そして将来に制度を改革すれば、潜在的参入規模は、三八〇〇万～五二〇〇万キロワットに達する見込みであることも分った。

明石　原発の発電能力が約五〇〇〇万キロワットですから、もうＩＰＰの五二〇〇万キロワットだけで電力は十分まかなえる。つまり原発は不要ということですね。

広瀬　それは一九九七年の数字ですが、二〇一一年現在はどうでしょう。商業用原子炉は、名目上、五四基で四九一一・二万キロワットですが、廃炉になる福島第一原発は四六九・六万キロワット、中越沖地震で破壊された柏崎刈羽原発の二、三、四号機は再起不能の停止中で三三〇万キロワットだから、日本全土の現在の原発は、実際には四一一一・六万キロワットしかない。おまけに、東日本の原発は、東通、女川《おながわ》、福島第二、東海第二とすべて震災で停止中だ。浜岡原発も動かない。それに対して資源エネルギー庁の認可出力表による自家発電の能力は去年（二〇一〇年）九月で六〇〇〇万キロワットを超えている。したがってＩＰＰの発電機を稼働させれば、原発なんて一基もいらないことは数字で証明されている。

最近、よく新聞に原発反対の意見が載っているけれど、そういう人たちが必ず発する文句に、「いますぐ原発すべてを止めることは無理だろうけれど」というおかしな言い回しがあって、私はこの人間たちの無知に腹が立ってしょうがない。この無知が、いわゆる学者や文化人に多いのだね。要するに、原発に反対する人も、マスメディアも、電力事情を何も知らずに議論したつもりになっている。では、なぜあり余るＩＰＰの電気をわれわれが利用できないのか。二〇〇〇年三月二一日から電力の自由化が始まり、大口需要家に対して「特定規模電気事業者による卸電力」が認められるようになったが、そんな卸電力が開放されれば、電力会社は自分の顧客を失うことになる。青くなった電力会社は、この制度を何とか阻止しようとたくらんだわけです。何を考えたかというと、送電線の利権を握って、高額の送電線使用料を請求して、ほかのすぐれた発電業者を排除してきたのです。

明石　電力会社は利権の独占を守るためなら、なりふり構わずなんでもするでしょう。そもそも電力の自由化はその独占をやめさせるための制度改革であったはずなのに、全然意味がなかったということですね。

広瀬　歴代政府の無策のせいです。電力会社のコマーシャルにあれほどの「文化人」が動員されて利用される情ない国家なので、日本人は、電気がなければ自分が困るというのに、肝心の電力の実態をまるで知らないのですよ。知らないから、「原発が止まったら停電になるぞ」という脅しが効いてきたわけです。今、国民一人ひとりがその本質を見極めないと自分が困りますよと、呼びかけたい。しかしもう、そういう時代じゃない。みんなだまされたと、気づいてきています。ＩＰＰは、すべての産業を代表している自分たちの味方であって、電力会社はその日本の全産業をつぶす悪だということをね。そして、政治家を批判しなければならない。知らないのは、文化人だけだ。

発送電の事業を分離せよ

明石　送電利権を電力会社が独占していることが、すべての元凶みたいですね。しかし、逆に考えれば、競争のない「地域独占」と「発送電一体」こそが日本の電力業界の生命線ともいえる。原子力マフィアというのは、この独占が生み出す電力マネーで成り立ってきたわけですからね。資本主義社会にあるまじきズルさです。

広瀬　その通りです。欧米のように発電、送電、卸電力と、それぞれの業者が正しく競争するシステムが日本に導入されれば、原子力シンジケートの役人も御用学者も、電力会社にくっついている多くの関連会社、子会社も、心を入れ替えないと生き残れない。正しいエネルギー利用のために、人生を変えることだ。

明石　今までに日本では発送電分離の動きはまったくなかったのですか。

広瀬　いや、なくはなかったが、電力会社の圧力によってつぶされてきたようです。恩田勝亘さんの『東京電力・帝国の暗黒』によれば、経産省の村田成二という剛腕次官が、度重なる東電のデータ改ざんや事故隠しに省内改革を決意し、電力自由化を巡って電力業界と壮絶な暗闘を展開したのだそうです。

この村田次官という人はもともと規制緩和で電力会社を締め上げ、料金の引き下げをやろうとしていた人らしい。電力を自由化させ、最終的には欧米のように発電と送電の事業を分離するという考えを持つ村田次官の登場に電力業界は青くなったらしいが、東電をリーダーとする「鉄のトライアングル」が、業界を挙げて村田路線に抵抗して、二〇〇三年一二月の総合資源エネルギー調査会電気事業分科会で発送電分離案は見送られたと、恩田さんの本にその顚末《てんまつ》が記されています。

明石　経産省は原発推進派の巣窟だと思っていましたが、そういう高い見識を持った人がいたのですね。

広瀬　当時は通産省時代ですが、その頃も、省内が二分されて、われわれがかなり希望を持った時代があったのです。しかし発送電一体のシンジケートの生命線を侵そうとすれば、電力資本は死に物狂いで抵抗します。経営者はこれを手放したくない。しかし、今回の福島の事故で、国民に取り返しのつかない大被害を与えたのだから、もはや東電が何を言おうと、国民は絶対に受け入れてはいけない。

明石　「放射能事故では誰も死んでいない」と言いますが、第一章で述べたように、第一原発近くの双葉病院と介護老人保健施設では避難中や避難後に死者が出ていますし、その後も体調を崩して何人もの高齢者の方が亡くなっている。自殺者も出ています。飯舘村では、一〇二歳のお年寄りが計画避難で故郷を離れることを苦に自ら命を絶っているのです。関東大震災を生き延び、あの太平洋戦争も生き延びた人が原発事故で自殺だなんて、もう僕は言葉も出ません。

広瀬　本当にその通りだ。東電を救うことは、それ自体が犯罪の幇助《ほうじょ》になりかねないことを国民は自覚しなければならない。飲酒運転を野放しにするのと同じことを、していいはずがないでしょう。そして、いかに電力会社の抵抗があろうとも、発送電の分離は政治、つまり国会議員がやるべきことです。発送電分離についてアンケートをとって、それに賛同しない国会議員は落選させなければならない。発電能力を持った業者には自由に発電させ、自由競争の中で消費者がそれを選択できるようにするには、発電と送電の事業を分離し、送電線は国家、あるいは独立した企業でもいいと思うが、「全産業と国民のために」管理するべきなのです。

電力自由化で確実に電気料金は安くなる

明石　電力自由化が進み、卸電力業者が電力市場に新規参入すれば、自由競争ですから電気料金は当然安くなりますよね。

広瀬　当然そうなります。これら卸電力業者は、一五兆円規模の電力市場に新規に参入するのだから、自由競争に打ち勝つために、現在の電力会社より安く電気を供給することになります。原発事故の恐怖から解放される国民にとっては、二重、三重の喜びです。

日本を代表する山のような大企業が、合計すれば大量の発電能力を持っているのですから、日本政府がこれら企業に発電を指令すれば、一夜にして問題が解決します。私が総理大臣であれば、ただちにその政策を実行します。そして、危うい既存の電力会社に電力を依存する社会から日本を解放します。

もう一つ、福島原発事故で明白になったことは、一ヶ所に発電能力を集中すれば、予期せぬ天災などによる危機的事態で、日本全体の経済が麻痺させられる、という危険性です。そのことは被災地に限らず、日本国民が骨身にしみて分ったでしょう。したがって、電力会社に電力を独占させず、これら大企業群に発電を実施させれば、日本全土に、自然と小型の分散電源が生まれます。

明石　原子力推進派は今まで、原子力が「安定供給の確保」「経済的効率性」「環境適合性」のすべてを満たすエネルギーの「優等生」だとして喧伝《けんでん》してきました。ところが福島の事故でそのすべてが幻想であり、嘘っぱちであったことが判明しましたね。原発がなくても「安定供給」は可能なことが明らかとなり、「環境」は放射能で汚染され、経済的効率性にいたっては、事故の賠償や後始末で、天文学的な数字の損失が予想されます。これで、原発が優等生どころか、最悪の劣等生だったということが証明されれば、原子力推進を財政面で支援するという名目の「電源三法交付金制度」は、その存在意義を失いますね。

電源三法は、電源開発促進税法、電源開発促進対策特別会計法（現・特別会計法）、発電用施設周辺地域整備法から成っています。この仕組みは、まず電力会社からその販売電力量に応じて電源開発促進税を徴収する。この電源開発促進税は、われわれの払っている電気料金に加算されています。これを財源とした交付金で、発電所周辺の立地環境を整えるとの名目で、早い話、原発の立地市町村にカネをバラ撒くわけです。二〇一一年度予算では、一般会計、エネルギー対策特別会計の電源開発促進勘定を合わせると四〇〇〇億円以上が原子力関係に投下され、そのうちの四分の一余りが電源立地地域対策交付金として、原発周辺地域へのバラマキに使われることになる。この「電源三法交付金」の仕組みこそが、日本を「世界で最も高い電気料金の国」にさせているゆえんです。

にもかかわらず、大多数の国民は目立った反対行動や抗議行動を繰り広げることもなく、それを甘受してきたのですね。そして、立地予定地近隣の住民がどれだけ正当かつ強硬な反対意見を述べ、建設工事に体を張って抵抗しようとも、電源三法交付金に義理を感じた地元自治体は電力会社の肩を持ち、反対運動つぶしのお先棒担ぎを率先してやってきたのです。しかし、過保護に育てられてきた電力会社も、原発メーカーも、電力の自由化が進めば高笑いしていられないでしょう。ここまで原発の危険性が公に認知される事態となったからには、反対運動にも勢いが付いて、そう易々とはつぶされないと思いますよ。

広瀬　何よりも重要なのは、日本に原発はまったく必要ない、即時すべて廃炉にできるという認識を日本人が持つことです。日本人の生活と企業に必要なのは、原発でも放射能でもなく、電気なのです。発電法を発明したのはイギリス人のマイケル・ファラデーなのであって、電力会社ではない。なぜ、その発電法を電力会社が独占して、ほかの業者を排除する権利があるのか。

国民は一刻も早く、誰もが自由に発電し、危険性のない電気を自由に使える社会を求めて、声を上げるべき時です。次の大地震の到来を考えれば、一刻の猶予もありません。次の原発震災から助かるために急いで求められているのは、国民一人ひとりの意識改革なのです。文化人が好きな道徳論は、生き残ったあとですればいい。

ガス台頭で原発はますます御用済みに

明石　将来のエネルギー問題を考えると、原子力に変るエネルギーとして、これから有望視されるものはやはりガス火力ですか。

広瀬　今後もガス火力を電力のエースとして使うのが、全世界の趨勢《すうせい》であることは間違いないでしょう。その場合には、天然資源の埋蔵量がどれほどあるかが問題になります。明石さん、今世界で石油や石炭やガスの埋蔵量がどれほどあると思う？

明石　一九七三年、オイルショックが起こった時は、「石油はあと四〇年でなくなる」と随分言われましたよね。でもそれが本当なら、あと数年でなくなることになる。

広瀬　化石燃料の可採埋蔵量は、二〇〇八年末で天然ガスが六〇年、石炭が一二二年、石油が四二年だと言われてきたが、このような数字を口にすると、エネルギー業界では笑われてしまうのですよ。化石燃料の枯渇論を金科玉条のように論ずる人間たちの言葉を聞いていると、エネルギー業界の最近の実相を知らない、時代に遅れた素人の発言ばかりです。現在の地球上で最もクリーンで効率的なガスについて言えば、全世界で新たな天然ガス田が続々と発見されていることを、「ガスエネルギー新聞」（二月二日）でさきほど紹介した石井彰さんが報告しています。地中海で、マダガスカル島沖で、インド東側海域で、オーストラリア北西大陸棚で、ブラジルで、トルクメニスタンで、実に二〇〇九年までの一〇年間で埋蔵量が三割近く増加していて、今後も大量に発見されることが業界の常識になっているのですよ。

これらの天然ガスは、通常の油田やガス田から生産される「在来型」と呼ばれるガスですが、これと違って、「非在来型」と呼ばれるコールベッドメタン、タイトサンドガス、シェールガス、メタンハイドレートのような新たな天然ガス資源の存在が次々と確認され、その埋蔵量は(石油天然ガス・金属鉱物資源機構の試算で)九二二兆立方メートルに達し、すでに従来の天然ガスの五倍もあることが分っている。つまり在来型天然ガスの可採埋蔵量六〇年の六倍があることになるので、単純計算で三六〇年、実際には四〇〇年と見られている。

明石　二一世紀の新エネルギーとしては、その「非在来型」といわれる天然ガス資源が最も有望なのでしょうか。少し前までは採掘が難しいとか、コストに見合うかなど、さまざまな疑問が呈されていました。つまり、普及の鍵を握るのは、それが採算の合うものなのかどうかだと思うのですが。

広瀬　全部コスト解析もできているし、産業界が導入しても十分採算が取れる。コールベッドメタンは、石炭の生成・熟成に伴って発生したメタンガス。タイトサンドガスは、硬い砂岩層に存在するガス。シェールガスは、自然発生した頁岩《けつがん》（シェール）の亀裂中に貯留されるガスです。シェールガスは、アメリカで大量に発見され、将来のガスのほぼ半分を占める主力として位置づけられ、一〇〇万BTU[*3]あたり一三ドル近い価格が、一時は四ドルを割るところまで暴落しました。さらに将来有望な天然ガスのメタンハイドレートは、シャーベット状のメタンで、「資源がない」と言われてきたわが国でも、実に一〇〇年分が日本近海に分布しています。ここでメタンと言っているのは、みなさんが家庭の台所で都市ガスとして使っているガスの主成分です。

将来も続々とガス田が発見され、この埋蔵量は増え続けるはずです。ガス火力だけに頼るような時代が到来して消費量がとてつもなく増えても、それを相殺する分が出るので、ガスだけで二〇〇年をはるかに超える余裕があるとみて大丈夫です。つまり私が言いたいのは、エネルギー論であわてる必要はどこにもない。まず原発を止めて日本人全体が生き残ってから、みなさん落ち着いてじっくり議論しなさい、ということです。

＊3　BTU（British thermal unit）は、一ポンドの水の温度を華氏で一度上げるのに必要な熱量をヤード・ポンド法で示したエネルギー・仕事・熱量の単位。一BTUはおよそ二五三カロリー、一〇五五・〇六ジュール。

明石　化石燃料枯渇説の崩壊ですね。そもそも、「なくなる」とさんざん脅されたのちに、今度は「なくならないけど地球が温暖化するから使い過ぎるな」と、いつの間にか理由がすり替っているあたりが、怪しさ満点ですし。

広瀬　枯渇どころか、大消費国のアメリカ、中国、ドイツは、発電の主力が石炭です。一般にその埋蔵量と言っているのは、操業中の炭鉱の可採埋蔵量一二二年のことで、実際の資源量は二〇〇〇年分もある。石油は、一九七五年のオイルショック後に石油枯渇説が出てあと三四年と言われたが、その四〇年後の二〇〇五年に五〇年だと言っている。原油の埋蔵量は、皮肉なことに年を追うごとに増え続けているでしょう。

やはり「ガスエネルギー新聞」（一月一九日）で和光大学経済学科長の岩間剛一教授が書

いていますが、石油生成の根源岩である頁岩や硬い岩盤の中にあるシェールオイルは、世界中どこにでも存在する可能性がある。しかもその資源量は莫大なもので、二〇一一年現在アメリカで開発が進められているバッケン・シェール油田の期待資源量は、単一の鉱区だけで三〇〇〇億バレルで、世界一を誇るサウジアラビアの原油埋蔵量二六四六億バレルをしのぐというのです。さらに今後の技術革新と地質調査次第では、在来型の石油埋蔵量の数十倍の非在来型石油が発見される可能性もあるという。四二年の数十倍というのだから、これも一〇〇〇年以上はたっぷりある。

明石　原子力業界に対して、ガス業界が逆襲を始めたという感じですね。

広瀬　そう。「ガスエネルギー新聞」では「原子力の時代は終った」と、私が思っていることをはっきり書いてくれています。今は原発事故が起こって世の中が混乱しているので、ガス業界はあまり刺激的なことは言いませんが、賢いからちゃんと時代の行方を見抜いていますし、ガス大国のロシアも大喜びしています。

明石　代替エネルギーの確保がしっかりできるのであれば、これでエネルギー問題にもケリが付くわけで、原子力はもう御用済みですね。

無意味な自然エネルギー神話

明石　しかし、今の日本のメディアを見ていると、広瀬さんが説明してくれた「非在来型」といわれる天然ガス資源の話など、まったく出てきません。原発の電気に対抗して出てくるのは、太陽光や風力などの自然エネルギーの話が大半です。

広瀬　われわれ日本人がこの大地震国で生き延びたいなら、原発を「即刻」全廃しなければならないことは、福島原発事故で明白になった。しかし、多くの人の声を聞いていると、エネルギー問題を、いわゆる二酸化炭素温暖化説と混同しているのか、いまだに「自然エネルギーに転換せよ」という声しか聞こえない。電力会社が、家庭の太陽光発電の余った電気を買い取っていることを知っているでしょう。なぜ電力会社がそんなことをすると思いますか。太陽光ならいくら普及しても、原発の利権を食い荒らすことなどあり得ないと知っているからなのです。そんな微々たるもので、原発はまったく揺るぎません。

日本の電力消費は、家庭用が三割弱で、残りの七割以上を産業用と業務用が占めています。しかも、日中はみんな仕事や学校で家を出ますから、家庭にほとんど人がいません。

したがって日中のピーク電力の問題はほとんどが産業用・業務用の問題なのです。電力問題を、もともとあまり電気を浪費していないわれわれ庶民が、自分の生活やライフスタイルから考えても解決しない。電力の大部分を消費している産業界が、その日その日のお日様や風のきまぐれに頼る自然エネルギーで需要をまかなうわけにゆかないことは、工場やオフィスにつとめる人間であれば、誰にも分るはずです。

太陽光発電が原発の代替になるなど、少女趣味の幻想に過ぎません。いいですか、一〇〇万キロワット級原子炉一基分の電気をソーラーでまかなおうとすれば、東京の山手線の内側と同じほどの面積に太陽電池パネルを敷きつめなければならないのですよ。原発は五〇〇〇万キロワットあるのだから、つまりその五〇倍の面積が、太陽電池によって占められてしまう。それ自体が、おそろしい自然破壊になってしまう。ガス火力であれば、ほんの小さな面積で、数ヶ月の工事で一〇〇万キロワットを生み出せるんだよ。ソーラーはすぐれているし、私も普及すべきだと思うが、現在の発電効率から計算すると、面積から考えて無理が大きすぎる。少しずつ家庭の屋根など都会中心に普及すべきもので、メガソーラーのような大規模な太陽光発電所は、設置するべきではないですよ。まして休耕田を利用するなんて、論外だ。本来の自然保護や、食糧自給率の向上に反する。

明石　その意味では、コンパクトな天然ガス火力のほうが、はるかに自然環境への負荷が小さそうですね。それに風力発電も産業用エネルギーとしては不向きです。

広瀬　都会で使えない風力発電は、ソーラーよりおそろしい自然破壊を起こしますよ。一〇〇万キロワット級原子炉一基分の電気を風力でまかなおうとすれば、東京の山手線の内側の三倍に等しい面積に風力発電機を設置しなければならない。つまりその五〇倍の面積（山手線の内側の一五〇倍）が、風力発電機によって占められてしまう。加えて大型風力発電による数々の被害は、愛知県豊橋市、田原市、静岡県東伊豆町、兵庫県南あわじ市など全国で猛烈な反対が起こっている通り、すさまじいものです。風力発電機は海岸線と山の稜線に敷きつめられるので、大変な自然破壊を起こしますから、私は絶対に反対です。風力を推進している人には、補助金目当ての利権者が多すぎる。

このように自然エネルギーだけで問題を解決しようとする人間は、まったくまじめに原発の廃絶を考えていないので、世界的には「環境原理主義者」と呼ばれて、エネルギー業界からは相手にされていません。日本の経済復興のためにも、今は産業界を味方につけて、彼らがすぐに受け入れられる方法を迅速に進めるほうが賢明だ。

明石　「自然エネルギーだけ」で原発の代替とするのは無理みたいですが、「分散型電源」の一例としてとか、脱原発の象徴としての位置づけならば、太陽光や風力を活かす道はあると思います。これらの業界にも、さらなる技術革新を期待したいものです。「脱原発」という命題を踏まえれば、「必要は発明の母」なのですから。

軽油や灯油などの化石燃料を燃やして発電するガスタービン発電のほうは、すでに電力各社の火力発電所で採用されていますけど、ガスタービンを一歩すすめて多様な化石燃料を燃やせるようにした「コンバインドサイクル発電」は、最近の火力発電所の主流になってきていますよね。これはガスタービンから出る高温の排ガスをボイラーに入れて蒸気を発生させ、その蒸気で蒸気タービンを回転させて発電するもので、発電効率は五〇%以上に達し、環境適合性や経済性の面でも優れているといわれていますが。

広瀬　もう六〇%に達しています。つまり原発の二倍のエネルギー効率です。東京湾には、このガスコンバインドサイクルが続々と建設され、稼働しています。すべての電力会社にはすぐれたガス発電の部門があるのだから、その部門の社員が出世して社長になればいいのです。すでにアメリカ、ヨーロッパなど世界の主流はガスコンバインドサイクルです。電力会社は、天然ガスを用いたコンバインドサイクルによって、発電時のエネルギー効率を高めることができる。一〇年前に計算したのですが、旧式火力をコンバインドサイクルに置き換えて改良するだけで、およそ三〇〇〇万キロワットの電力が生まれることが分りました。

明石 大規模に発電して電力消費地に高圧送電線で送電する原発のような「集中型電源」に対して、高圧送電線を必要としない地域密着型の小規模な発電システムを「分散型電源」と呼んでいますが、今や集中型から分散型へ、エネルギー革命は着々と進んでいるのですよね。一般家庭では燃料電池、また、冷蔵・冷凍庫による電力消費の大きいスーパーマーケットやコンビニ、デパートなどでは、小型のガスタービンである「マイクロガスタービン」も電源に適しているとされています。

何しろ、燃料電池で発電をおこなう場合、原料として必要なのが「水素と空気（酸素）だけ」という点がいい。しかもこのシステムから生み出されるのが、電気と水と熱という、人類が利用できるものばかりです。これはもう究極の「ゼロ・エミッション」（排ガスなし）システムですよ。燃料電池の開発が進んで家庭に入り込めば、送電線がなくなる未来も見えてきますよね。送電線がなくなれば原発はむろん無用の長物となります。

広瀬　そう、将来のエネルギーとしてさらに有効な手段は、発電した時に発生する熱を、これまでのように捨てずに利用するコジェネレーション（石油やガスなどの一次エネルギーから、動力と熱、あるいは電力と熱のように二種類以上の二次エネルギーを取り出すシステム）を目指すことにありますからね。

福島事故や浜岡停止によって電力不足が煽られた結果、私が理想的と考えているガスコジェネの引き合いが殺到して、川崎重工業やヤンマーなどのメーカーが受注に追いつけず、生産体制を強化しています。とてもいい産業界の動きです。こうした産業界に対して家庭用の燃料電池は、わが家でもう五年以上使っていますが、家庭用コジェネの代表的な発電機「エネファーム」として完成しています。エネファームの市場予測は、二〇二〇年には業界全体で年間六〇万台を販売する規模に拡大し、累計二五〇万台が普及するという富士経済研究所の予測を、パナソニックの現場トップの人が教えてくれました。これは、二〇世帯に一台の割合になるので、私にはまだ夢のように思われますが、本当にそうなってほしいと期待します。そうなればパソコンと同じで部品コストが大幅に下がって、家庭用から踏み出して、最大の電力消費者である工業用・産業用として利用されるようになりますから、私が単純計算しても、四〇〇〇万キロワットを生み出す膨大なマーケットが広がっています。これが、ＩＰＰと並ぶ、原発廃絶のもう一つの大きな武器です。マイクロガスタービンも同様に一六〇〇万キロワットが期待できる。これら最先端の技術を使うと、環境破壊が最も小さく、装置がコンパクトで、最もクリーンな天然ガスを使って、しかもその貴重なエネルギー資源の消費量が格段に小さくなるので、省エネと同じ巨大な効果を発揮するのです。だから、電力会社の最大の敵はエネファームなのです。そのため、どうせ相手にならないほど小さな太陽光の電気は買い取っても、「燃料電池の電気は一切買い取らない」という、非常識きわまりない制度を経済産業省につくらせてきたのです。電力会社がどれほど省エネに不誠実な企業であるかは、これを見れば明らかです。

エネファームと併用して少しずつ自然エネルギーを普及し、一〇〇〇万キロワットほどを生み出して加えていけば、発電業者による発電から、ゆっくりと個人の発電へと移行する理想社会へ向かいます。そして、これらを総計すると、原発のほぼ三倍の、無害な電力が生まれる。これらは、落ち着いて進めればよいのです。

明石　考えてみると、原発という機械は、核燃料の発する熱でお湯を沸かし、出てきた蒸気でタービンを回して発電する「蒸気機関」ですよね。爆発した福島第一原発一号機は、一九七一年に営業運転を開始した「アラフォー」原発です。その核燃料が今、福島やその周辺で、これだけ人の生命や生活を脅かしているわけです。なぜそんな古典的な発電技術にいまだ固執し、脱却できないのか。電力会社や御用学者たちにとって、それほど原発は儲かり、自分たちだけを潤すことができる〝打ち出の小槌《こづち》〟だったのだ、ということなのでしょうね。

原発がなくても、十分エネルギーは確保できる、停電などあり得ないということが確認できたのですから、原子力マフィアの語る方便などに私たちは惑わされず、こんな危険なものは一刻も早く撤去すべきだと思います。

福島について、真剣に考えるべきこと

明石　広瀬さんとの数日にわたる対談で、福島の事故の分析、放射能の危険性、そしてこ

の原発震災の大惨事を起こした責任者の実名を挙げて糾弾し、彼らが原発を守るためにどんな汚いウソをついてきたかを暴いてきました。

でも、実名を挙げて悪事を暴こうとも、僕は単なるセンセーショナルな告発本にはしたくはないと思ってきました。この本が出る頃も、福島の原発事故は収束していない。もちろん、今まで電力マネーでいい思いをしてきた推進派の人間たちには「事故を収束できない責任」を問いたい。そしてきっちりけじめをつけて欲しいと思っています。だけど、今この瞬間も、僕は福島の事故を終らせるにはどうしたらいいのか、それを考えたいと思っているのです。

東電が示す「工程表」など、国民を小ばかにした「安全アピール」にすぎません。残念ですが、彼らが示したとおりに事が運ぶことはまず、ないでしょう。ですが、このまま福島の人たちの故郷がなくなってしまうことは、どうにも許しがたい。原発事故のおそろしさは、一九八六年四月に発生したチェルノブイリ原発事故の後から二四年間、原発事故や核施設に関する取材をずっと続けてきたのでよく分っているつもりです。京大原子炉実験所の小出先生は「最悪の事態という破局は、最後の一線でギリギリ食い止められている」

という見解を示していますが、どうすれば事態を好転させられるのか、答はまだ見えません。そして、こんな時こそ力を発揮し、解決策を炙《あぶ》り出すことができるのが、ルポ（ルポルタージュ。現地報告）なのかもしれません。実際、ルポライターである僕にはそれしかできませんし。

広瀬　私は今、産業界の人たちと、高濃度の放射能汚染水がこれ以上海に流れこまないような対策を議論しています。東電という会社は人格的にも技術的にもまったく信頼できないので、すぐれた産業界の知恵を結集してほしいからです。みなさん動いてくれているようです。しかしそれには、東電が福島第一原発の内部がどうなっているかという事実関係を、すべての日本人と企業人に正直に公開しなければなりません。これまでのように悪い事態を隠して気休めばかり言うのでは、すぐれた企業や技術者の知恵を利用できません。汚染水の処理を、原子力産業と保安院、原子力安全委員会に任せておくと、「一定基準以下の放射能は無害だ」というこれまでの理論で、すべてを海に流すような最悪の手段をとります。それが最もこわいのです。原子力の御用学者と専門家はすべて引っ込むべきだ。

しかし最後の処分場所について、私は答を持っていません。東電の本社ビルに保管するべきですが、現実論では、福島第一原発の敷地しか考えられません。地下水の豊かな日本では、地層処分は絶対に許されませんので、地上で永遠に管理するほかありません。したがってこれは、日本が生き残った場合にも、未来に対する悲劇のモニュメント「ノー・モア・フクシマ」として、そこに残されるべきです。絶対に隠してはいけません。東電の「犯罪」を刻んだ永遠の記憶として、残す必要があります。

明石　まるでヒロシマの「原爆ドーム」のようですね。全面的に賛成です。

日本から原子炉を廃絶するために

広瀬　今回の福島の事故を受けて、世界的に原発廃絶の気運が盛り上がっています。世界のどこの国だって、もう日本の原発は買いません。日本が技術後進国に原発を売り込もうとすれば、アメリカもヨーロッパも許さないでしょう。事故を起こされれば自分たちも巻き込まれるわけですから。

明石　韓国がトルコに原発を売り込もうとして、そこに日本が割り込んで横取りしようとしていたところに、福島の事故が起こったのです。日本側はエラそうに「おカネのことなら心配要りません」と言ったものだから、トルコは日本のほうに舵《かじ》を切ったのですが、これでもう話はおしまいになってほしいものです。

広瀬　もう原発の新設は日本国民が許さないだろうし、メーカーやゼネコンも、未来のない原発のために技術者も作業員も確保できないでしょう。この事故が起こる前から、原発は完全に終焉《しゅうえん》期に来ていたのです。

日本だけでなく、原発は世界的な終焉期を迎えています。アメリカのGEは、スリーマイル島原発事故のあと、ジャック・ウェルチ会長がただちに原発からの撤退を宣言しました。オバマが原発推進策をはやしたててきたが、原発で最も熱心だったエクセロンでさえ、もう原発に未来はないと言い出しました。[*4] 原発産業が息を吹き返すことはもうない。というのも、アメリカとヨーロッパはすでに老朽化した原発の廃炉の時代に突入しているからです。全世界の先進国で四百数十基あるうち、今すぐ一〇〇基が消えなければならない運命にあります。

＊4　二〇一〇年一二月、米国最大の原子力発電事業者であるエクセロン社は、ニュージャージー州

のオイスタークリーク原子力発電所を二〇一九年で操業停止すると発表した。現行の運転認可は二〇二九年まで有効だが、同州の環境保護局が冷却水の取放水に関する認可の更新条件として冷却塔の設置を義務付ける方針であるため、建設費など経済的コストを勘案し、一〇年前倒しで閉鎖するのが得策と判断した。米国では他の州でも、環境への悪影響を懸念して同様の規制が強化される方向へ動いている(「原子力産業新聞」二〇一〇年一二月一六日号より)。また二〇一一年四月、米国電力大手NRGエナジーは、東芝や東京電力とともにテキサス州で進めていた原子力発電所増設計画を断念すると発表した。福島第一原発事故をうけて米原子力規制委員会が安全基準の見直しに動いていることから、安全対策などでコスト増が見込まれるうえ、東電からの出資も不透明となった影響とみられる。

明石　日本がベトナムやインドに原発を売り込もうとしているのは、最後の悪あがき、断末魔だった、ということですね。僕も原発輸出については、福島事故が起こる直前に発行された「世界」二〇一一年一月号の拙稿「原発輸出—これだけのリスク」で検証していますす(『原発崩壊　増補版』にも収録)。

広瀬　原発シンジケートも、断崖から落下寸前である自らの立場を認識すべきだ。今、日本国民の総意が、電力の自由化と発送電分離を経産省に突きつけてゆけば、息の根を止めることができます。経産省は電力会社の下部組織ではなく、日本経済、つまり、われわれ国民の総責任者なのだからね。

明石　日本の産業を活性化していくのが、経産省の本来の役割ですからね。

広瀬　原発事故の後遺症で、今後どれだけ日本の経済が冷え込むかは分りません。原子力ルネッサンスなどという悪夢からさめれば、日本国民も、テレビと新聞も、オール電化や電気自動車の馬鹿らしさが分るようになるはずです。

明石　しかし、福島の六基が廃炉になり、浜岡の全機が止まったとしても、まだ日本各地で原発が稼働しています。これをどう阻止するか。まずは、今回糾弾した責任者を現場から即刻退場させることが必要ですね。

広瀬　そして、原子力安全委員会に代って「原子力危険委員会」をつくり、日本にある原発を一基も残さず廃炉にする方法を考えることが第一だ。原子力には安全なんてない、危険しかないのだから。そこに東電が出てこようとしても、もはや連中に口を挟む資格はない。今ほど日本人のインテリジェンスを欲する時はない。明石さんたちの世代がリードする時代です。

明石　ずっと届かなかった僕らの声が、今こそ届いてほしいと思います。僕は、歴史に裁かれ、未来の日本国民から断罪されることのないよう、なぜこんな大惨事が起こってしまったのか、フクシマ原発震災の真相を見極めていくつもりですし、読者の皆さんにも見極めてほしいと思っています。

広瀬　私は、この世に生きている限り日本からの原発全廃のために動きます。何とか生きているうちにその日を見届けたい。早く死にたいと思っていたけれど、もう少し生きて、愛する孫たちに希望の時代を残してゆこうと、その決意を固めました。明石さんより先にこの世を去るので、その後も、どうか子供たちの世代を守ってほしいし、その任務を遺言として託します。

そこで、私たちの世代から、最後に言い残しておきたいことが一つあります。

この原子力産業が、一九五三年一二月八日に、アメリカのアイゼンハワー大統領が「原子力の平和利用（Atoms-for-Peace）」を宣言して始まった歴史を決して忘れないでほしいということです。このレトリックに全世界が欺《あざむ》かれてきました。原水爆を生み出す核兵器産業が今日まで連綿と生き続けられたのは、この文句のためです。アイゼンハワーがなぜ

「平和」の言葉を使ったかと言えば、その正体が、人間を殺すための軍事技術だと知っていたからです。一瞬の閃光《せんこう》と熱で、大量の人間を地上から抹殺する技術です。ウランの採掘から濃縮、そして発電後にその燃料が行き着く先は、原爆材料プルトニウムの抽出という最後の目的地であって、今、日本全土の原子炉に潜在している危険性です。その正体を隠すために生まれたのが、平和利用という仮面なのです。そして現在も、その衣の下にある正体がまったく変っていないことに、皆が気づいていない。最も分っていないのは、日本の文化人たちだ。六ヶ所再処理工場と高速増殖炉「もんじゅ」の目的地も、そこにあるのです。

これは、平和どころか、悪魔の所業です。人間と共存させてはならない技術です。
私は死ぬまで、この産業の完全消滅に骨折ります。
最後に、読者にこの言葉を捧げて、閉じたいと思います。

「理性の感情とは、愛である」ロマン・ロラン

あとがきにかえて

明石昇二郎

情報は今も小出しにしかされず、さんざん被曝させられた後に聞いても手遅れという情報も多い。住民避難のために開発された緊急時迅速放射能影響予測ネットワークシステム「ＳＰＥＥＤＩ」のデータが今頃になって出てくることなどは、その典型だろう。それでも、私たち日本国民は「フクシマ原発震災」の現実を今や肌感覚で理解している。

この本のもとになっている広瀬さんと私の対談は、原発震災発生から二〇日後の二〇一一年四月一日より始まった。このときすでに二人が予測していたとおり、状況は悪化の一途をたどり、福島の大地と海は高濃度の放射能で汚染され、このあとがきを書いている時点でもなお、収束のメドすら立っていない。これだけ長期にわたって事故が続いているのだから、ＩＡＥＡはこの際、フクシマのために、チェルノブイリ事故を上回る「レベル８」を新設すればいいと思う。

三月、テレビでは政治家が「直ちに健康に影響が出るものではない」と語り、原子力の専門家を名乗る御用学者は「水素爆発で原子炉建屋は吹き飛んでも、圧力容器は健全だ」と解説をしていた。が、しばらくすると圧力容器「健全」説は破綻し、メルトダウンしていたことが明らかになる。環境への放射能の放出量にしても、事故発生からの数日間だけで実に七七京ベクレル（77×10の16乗ベクレル）にも及んでいるのだという。住民の健康被害が顕在化するのも時間の問題だろう。

そんな中、おそろしい本が出来上がってしまったものだ――と思う。ただし、電力会社や御用学者にとって、ではあるが。

誰が見ても最悪の状況になっているにもかかわらず、それでも「安全」「大丈夫」と叫び続けている人々がいる。これだけの事故を起こしてもなお「それでも原発は日本に必要だ」と嘯《うそぶ》き続けている人々もいる。そんな彼らの正体をここまでストレートに暴いている書籍は他にないだろう。

なぜ彼らはことさらに「安全」を叫び、原発を擁護しなければならないのか。その背景とインチキ満点のカラクリが分ってしまえば、怒りの感情しか湧いてこない。今回、久しぶりに広瀬さんととことん語り合って、まず私自身が大変勉強になった。

ところで、本書のタイトルは『原発の闇を暴く』である。広瀬さんと私はさらに「闇」の部分を暴くべく、東京電力の幹部や御用学者たちを刑事告発し、司直の手に委ねることを決意した。刑事告発は何も特別なことではなく、広く国民に認められた権利であり、制度だからだ。手間と時間がかかる民事裁判とは異なり、刑事告発で必要なのは「告発状」と新聞記事などの「証拠」、そして告発する本人の「陳述書」のみ。これらを最寄りの地方検察庁か警察に提出するだけでいい。警察署で尋ねれば、やり方を教えてくれる。また、自分は事故の被害者だと思っている方なら、第三者の立場でおこなう刑事告発よりも「刑事告訴」のほうをお勧めしたい。司直の皆さんは、あらゆる法令を駆使して、徹底的に福島原発事故の責任追及をしていただきたいと思う。

第一章でも触れたように、福島第一原発事故の発生により、入院中だった病院からの避難を強いられ、避難中や避難後に死亡した一般住民が多数いる。彼らは皆、東日本大震災が「原発震災」とならずに済めば、そもそも死ぬことはなかった人たちなのだ。

原発事故さえなければ、津波に襲われた他地域と同様に、原発近隣でも命を救われた被災者も多かったはずだ。自然環境に膨大な放射能をバラまく重大事故を引き起こし、人命救助を阻んだ東京電力の罪は重い。また、そうした重大事故を未然に防ぐことのできなかった原子力安全・保安院や原子力安全委員会も、その責任と無縁ではありえない。

さしあたって、告発する際の罪状は刑法二一一条の「業務上過失致死傷罪」あたりが妥当かつ順当な線ではないかと思っている。いずれにせよ、告発状の提出までにはどれでいくか、そして、被告発人の欄に名を連ねるべき責任者は誰なのか、検討していくつもりだ。おそらくそのほとんどは、本書の〝登場人物〟ということになるだろう。

彼らは「原子力ムラ」の住民であり、「原発安全神話」の担い手であり、原発利権の恩恵を被ってきた者たちである。彼らの刑事責任を問うのは、悲劇と惨劇を招いた関係者の悪事と不誠実さとインチキを白日の下に晒し、責任を取らせたいからだ。現に彼らは、責任を果たすべき立場にありながら、原発震災では何の責任も果たせていないのである。

当然のことながら、本書は刑事告発の際、告発状とともに提出する「証拠」の一つとなるだろう。版元から見本が到着次第、東京地検特捜部の直告《ちょっこく》班あるいは警視庁のいずれかに直ちに提出する予定だ。

広瀬 隆（ひろせ たかし）
一九四三年生まれ。作家。著書に『二酸化炭素温暖化説の崩壊』（集英社新書）、『福島原発メルトダウン』（朝日新書）など。

明石昇二郎（あかし しょうじろう）
一九六二年生まれ。ルポライター。著書に『原発崩壊』（金曜日）、『グーグルに異議あり！』（集英社新書）など。

集英社新書〇六〇二B

原発《げんぱつ》の闇《やみ》を暴《あば》く

二〇一一年七月二〇日 第一刷発行

著者……広瀬《ひろせ》 隆《たかし》／明石《あかし》昇二郎《しょうじろう》
発行者……館 孝太郎
発行所……株式会社集英社
東京都千代田区一ツ橋二-五-一〇 郵便番号一〇一-八〇五〇
電話 〇三-三二三〇-六三九一（編集部）
〇三-三二三〇-六三九三（販売部）
〇三-三二三〇-六〇八〇（読者係）

装幀……原 研哉
印刷所……凸版印刷株式会社
製本所……加藤製本株式会社

定価はカバーに表示してあります。

 ISBN 978-4-08-720602-9 C0236

Printed in Japan

a pilot of wisdom